设计师手稿系列

如何手绘服装款式图

王渊 著

中国纺织出版社

内 容 提 要

在服装设计生产流程中，服装款式图是连接设计师设计理念与现实产品之间的重要桥梁，对服装板型设计、样衣制作起到重要的指导作用。

本书按照内外装、上下装的不同类别，详细介绍了描绘此类服装款式图的基本方法；书中所涉及的服装术语，采用服装企业制单用语，对服装专业的学习者或爱好者理解服装的结构及工艺有很好的辅助作用。

本书既是服装设计专业的实用性教材，也可作为学习和借鉴服装款式设计图的必备工具书与速查手册。

图书在版编目（CIP）数据

如何手绘服装款式图 / 王渊著 . –– 北京：中国纺织出版社，2017.10 （2022.7 重印）

（设计师手稿系列）

ISBN 978-7-5180-4008-7

Ⅰ . ①如… Ⅱ . ①王… Ⅲ . ①服装设计—绘画技法 Ⅳ . ①TS941.28

中国版本图书馆 CIP 数据核字（2017）第 217407 号

策划编辑：孙成成　　　　　　责任编辑：杨　勇
责任校对：寇晨晨　　　　　　责任印制：王艳丽

中国纺织出版社出版发行
地址：北京市朝阳区百子湾东里 A407 号楼　邮政编码：100124
销售电话：010 — 67004422　传真：010 — 87155801
http://www.c-textilep.com
E-mail:faxing@c-textilep.com
中国纺织出版社天猫旗舰店
官方微博 http://weibo.com/2119887771
天津千鹤文化传播有限公司印刷　各地新华书店经销
2017 年 10 月第 1 版　2022 年 7 月第 4 次印刷
开本：710×1000　1/12　印张：12
字数：91 千字　定价：36.80 元

前　言

　　服装款式图是以平面图形特征表现的、含有细节说明的服装设计图。在服装企业中，服装款式图的样图起规范指导的作用。批量生产服装时，设计师完成服装设计，并通过服装款式图表现出服装的款式特点、细节特征，后道工序的生产人员都必须根据所提供的样品及样图的要求进行操作，完成服装的批量生产。从这个意义上说，服装款式图是服装设计师意念构思的表达，设计师借助服装款式图完成设计理念与现实产品之间的转换。

　　服装款式图可以手绘完成也可以借助 CorelDRAW、Illustrator 等电脑绘图软件完成。

　　一般来说，徒手绘制的服装款式图线条流畅，有活力，较随意，多为服装设计手稿，是表达服装设计师的设计意念的第一步，是设计师用来和他人沟通的依据。手绘服装款式图能够方便、快速地把服装的款式特点表现出来，因其便捷性，设计师在进行市场调研或市场调查时，一般都是借助服装款式图纪录服装的特点；此外，在服装企业里，设计师更多的也是绘制服装款式图。服装款式图也可以借助尺规工具辅助手工绘制，借助尺规工具辅助绘制的服装款式图严谨、规范、清晰，能细致地表现服装的各部位特征，常被用来指导服装生产，又被称为"生产款式图"。

　　目前很多服装企业借助 CorelDRAW、Illustrator 等电脑绘图软件完成服装款式图的绘制，效果规范而严谨且具有可复制性。设计师可以在电脑中建立相应的服装部件图库，服装部件图库中不同服装局部的款式图可以相互组合，大大提高了绘图的效率，对服装设计师设计新品也有很好的激发灵感作用。

　　值得一提的是，手绘服装款式图是电脑绘制服装款式图的基础，要想用电脑绘制好服装款式图，必须要具备手绘服装款式图的能力。

王　渊

2017 年 5 月

目录

第一章

服装款式图绘画规范

第一节　服装款式图绘制原则

　　服装款式图是应用于服装生产的指导性图例，在绘制时应体现以下两项原则。

一、服装款式图应符合人体的结构比例

　　服装穿着于人体，服装款式图既然是为了更好地表达服装的结构，为服装生产起到指导性的作用，因此，服装款式图必须要符合人体的结构比例。

　　首先，由于人体是对称的，因此，除不对称的设计外，领子、袖子、口袋、省缝等部位凡需要对称的地方一定要左右对称；其次，一些局部位置，如肩宽、衣长、袖长之间的比例，需与正常的人体比例相符合。

二、绘图工整，能体现工艺要求

　　绘制服装款式图的线条一定要清晰、圆滑、流畅，同时注意不同线条在服装款式图中所代表的不同工艺要求的含义。例如，虚线在款式图中一般是表示缝迹线，有时也表示装饰明线。实线一般用来表示裁片外形轮廓线或服装局部的分割线。据此，在根据服装款式图来制板和缝制时，虚线和实线代表完全不同的工艺程序。一些需要特殊说明的服装局部工艺特征，需要在服装款式图上用局部放大图的形式重点画出来。

　　在服装设计时，常常会使用一些特殊的面料、辅料，如压褶面料、各种形式的花边、不同功能的扣襻等，这些也都需要在绘制服装款式图时把它们清晰地表现出来，便于后道工序依此制作。

　　服装款式绘制完成后还需要配上一定的文字说明，如特殊工艺的制作、号型的标注、装饰明线的距离、唛头及线号的选用等。这些内容可以直接用箭头在相关部位做出指引，并在边缘标注上文字说明。

第二节　服装款式图的表现形式

常见的服装款式图的表现形式有两种：平面服装款式图和人体动态式服装款式图。

一、平面服装款式图表现形式

平面服装款式图是指导服装生产的一种表现手法。一般在按照不同性别、不同年龄的缩小人体比例上绘制。这种服装款式图整体表达清晰明了，不仅服装的正背面样式、服装外轮廓线造型、内结构线与分割线等细节表达得很具体细致，有时还会画出侧面造型或局部细节放大图，是一种可以直观了解服装效果的绘图形式。

在服装工业生产时，为加快服装平面款式图的绘画效率，可以先按照不同性别、不同年龄的人体比例制成上、下身模板，按照模板比例直接将服装按照设计要求"穿"上人体，可以起到事半功倍的效果。

二、人体动态式服装款式图表现形式

人体动态式服装款式图有点类似于线描服装效果图的形式，所不同的是：人体动态式服装款式图仅表现服装，而将人体省略；服装效果图则表现完整的服装穿着于人体的状态。由此我们得知，人体动态式服装款式图除刻画服装的细节特点外，在表现时还模拟人体的动态姿势，表现服装因人体的动态而产生的衣纹、明暗关系。同时，由于人体的动态特点，服装的衣着搭配、风格特征也可以一并表现出来。

第二章

服装款式图基础知识

第一节　人体比例与服装款式图的关系

一、人体比例

在绘制服装效果图时，我们通常以"头长"为基本单位，来比较人体各部分与整体之间、部分与部分之间的空间关系。

一般情况下，成年人全身高度为七个半头长：从头顶到下巴为一个头长，从乳头到肚脐为一个头长，从肚脐到会阴为一个头长，从会阴到膝盖中部为一个半头长，从膝盖中部到脚跟为两个头长。此外，人体高度的二分之一处在趾骨联合，双手水平伸直的宽度与身高大致相等。

二、人体比例与服装款式图的关系

在服装中，对整体风格影响最大的线条即其底边线，如裙子的长或短可能意味着活泼或端庄两种完全不同的风格倾向。在绘制服装款式图时，服装的底边线需以人体比例为参照而进行。人体与服装长度之间的关系如图 2-1 所示。

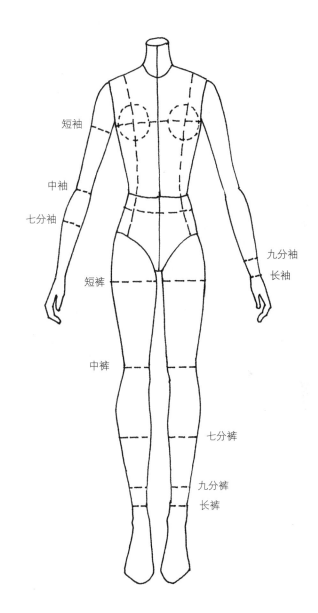

图 2-1　人体与服装长度的关系

第二节　常见服装的基础结构及部件名称

服装款式图的绘制需要绘画者真实地表现出服装的结构、组成，乃至装饰细节等，为后期服装的制板及打样起到沟通、衔接的作用。按照服装在人体上的穿着部位区分，服装主要由前后衣身、领、袖、腰等各部位组成。同时，由于款式的差异，又在细节上各有不同。常见服装款式及各部位结构、名称如图2-2所示。

一、衬衫（图2-2）

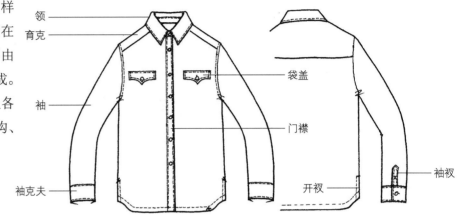

图2-2　衬衫的各部件

二、外套（图2-3）

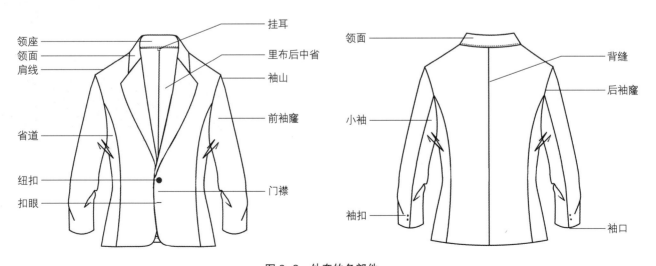

图2-3　外套的各部件

三、裙、裤（图2-4、图2-5）

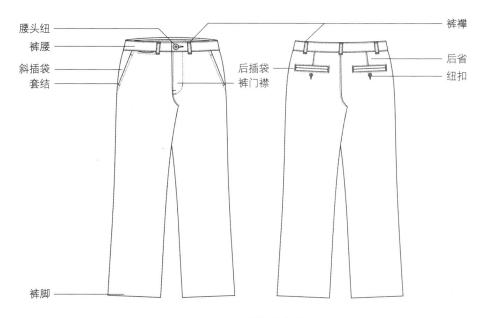

腰头纽

裤腰

斜插袋

套结

裤脚

裤襻

后插袋

裤门襟

后省

纽扣

图 2-4　西裤的各部件

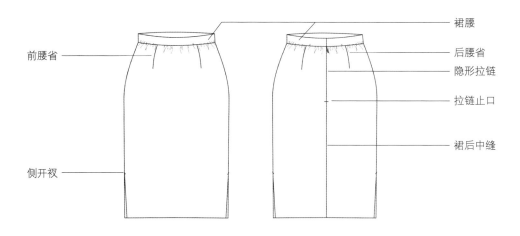

前腰省

侧开衩

裙腰

后腰省

隐形拉链

拉链止口

裙后中缝

图 2-5　裙的各部件

第三节　服装中常见的辅料

服装辅料是指除面料以外用于服装上的一切材料。根据服装辅料在服装中所起的作用不同，可以将其分为里料（棉纤维里料、丝织物里料、黏胶纤维里料）、衬料（棉布衬、麻衬、毛鬃衬、马尾衬）、垫料（胸垫、领垫、肩垫、臀垫）、填料（絮类填料、材料填料）、缝纫材料（棉缝纫线、真丝缝纫线、涤纶缝纫线、绣花线、金银线）、连接材料（纽扣、拉链）等不同的类别。此外，服装上的花边、商标、洗唛等也属于服装辅料的一部分。

这些服装辅料根据使用部位的不同，有些展现在服装外部，有些隐藏在服装内部。在绘制服装款式图时，需要根据实际情况加以区分，如表 2-1 所示。

表 2-1　服装常见辅料

名称	典型图例	
里料	薄型里料	厚型里料
衬料	黏合衬	马尾衬
填料	腈纶棉	羽绒

名称	典型图例	
缝纫材料	 常用线轴	 多色缝纫线
连接材料	 拉链	 纽扣
其他辅料	 日字扣（有针、无针）	 绳带调节扣
	 吊钟	 洗标
	 蕾丝	 毛条

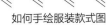
第四节　服装款式图中常见的线迹含义

　　服装款式图是使用线条来绘制的，因此在绘制服装款式图的时候应保证线条清晰，准确表达服装的结构及设计细节。设计师完成服装款式图的绘制后，服装将进行打板，如果因为服装款式图绘制的不清晰或不准确，会造成打板师傅的误解，造成不必要的损失。

　　在服装款式图中最常见的线条如表2-2所示。

表2-2　服装款式图常见线条

线迹类型	线迹图示	说明
直线	————————	常用于服装的外轮廓线、分割线等
虚线	- - - - - - - -	常用于服装的缝迹线；标识服装内部被遮蔽的结构
箭头	⟵———————⟶	常用于标识服装面料的丝缕方向
双弧线	⌒	标示此处面料连折叠，无须裁开

　　除这些最常见的线迹外，服装中各种辅料都尽量真实地按照它们各自的形态用线条描绘出来。

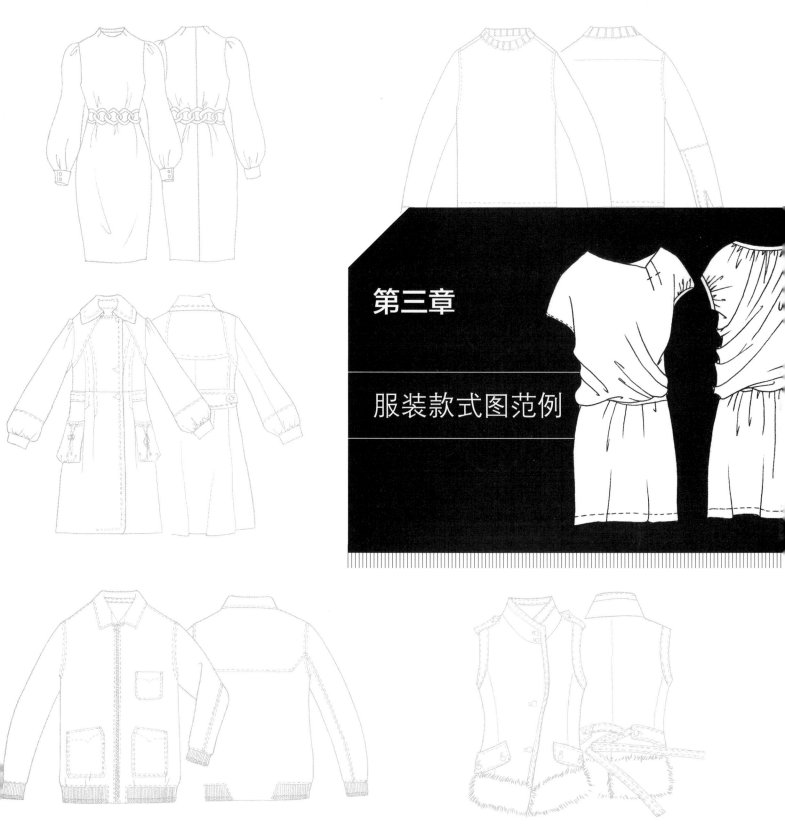

第三章

服装款式图范例

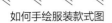

第一节 半身裙

一、半身裙款式图绘画步骤（图 3-1、图 3-2）

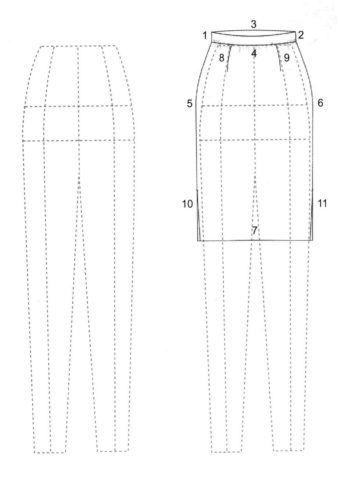

借助人体下半身模板，

1~2. 确定裙腰的高度；

3. 画出后腰围线；

4. 画出前腰围线；

5~6. 按顺序画出裙左右侧缝线；

7. 确定裙长；

8~9. 画出裙前片左右腰省；

10~11. 确定裙侧衩的高度，并画出。

图 3-1　人体下半身模板　　　图 3-2　半身裙款式图

二、半身裙款式图范例（图3-3~图3-22）

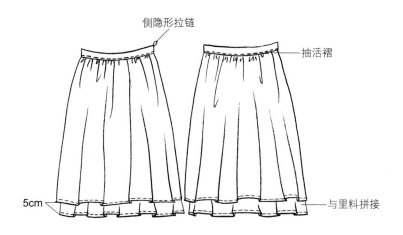

图3-3　半身裙款式图范例1

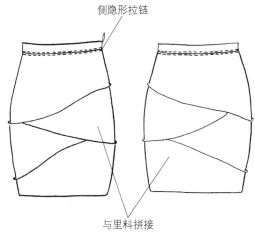

图3-4　半身裙款式图范例2

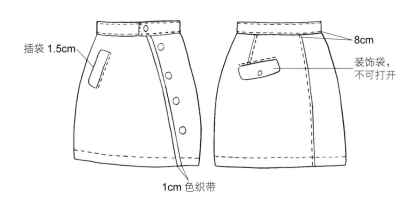

图3-5　半身裙款式图范例3

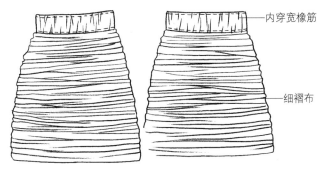

图3-6　半身裙款式图范例4

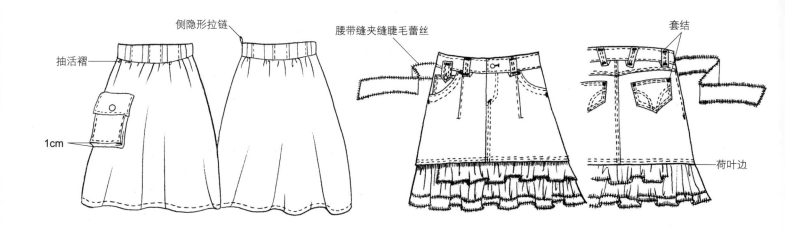

侧隐形拉链

抽活褶

1cm

腰带缝夹缝睫毛蕾丝

套结

荷叶边

图 3-7　半身裙款式图范例 5

图 3-8　半身裙款式图范例 6

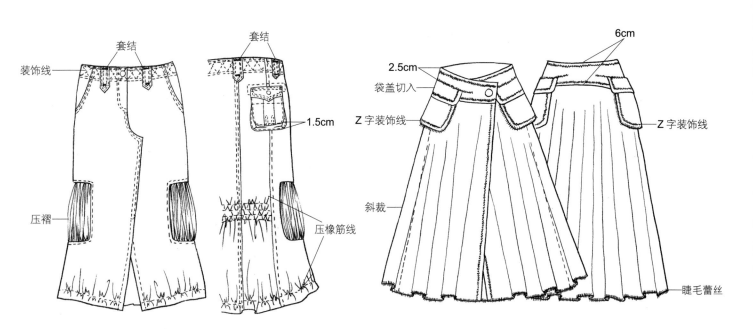

套结

装饰线

套结

压褶

1.5cm

压橡筋线

2.5cm

袋盖切入

Z 字装饰线

斜裁

6cm

Z 字装饰线

睫毛蕾丝

图 3-9　半身裙款式图范例 7

图 3-10　半身裙款式图范例 8

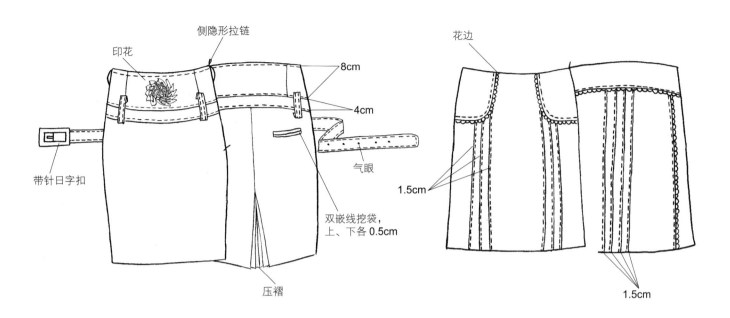

图 3-11　半身裙款式图范例 9

图 3-12　半身裙款式图范例 10

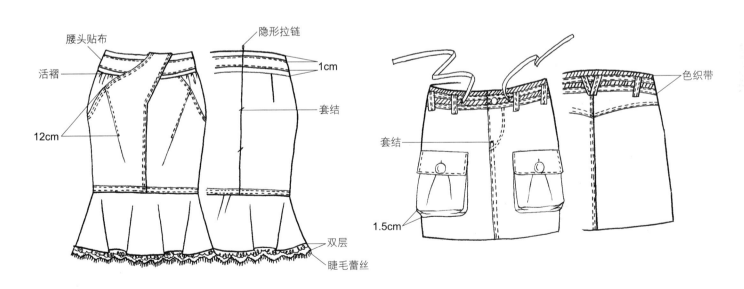

图 3-13　半身裙款式图范例 11

图 3-14　半身裙款式图范例 12

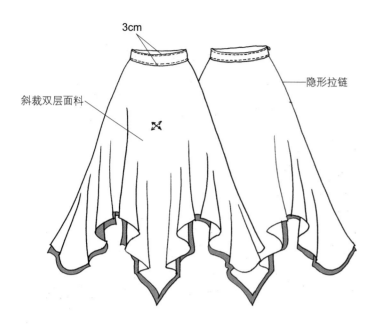

3cm

斜裁双层面料

隐形拉链

图 3-15　半身裙款式图范例 13

侧隐形拉链

18cm

线迹固定

内里比外料
短 1cm

图 3-16　半身裙款式图范例 14

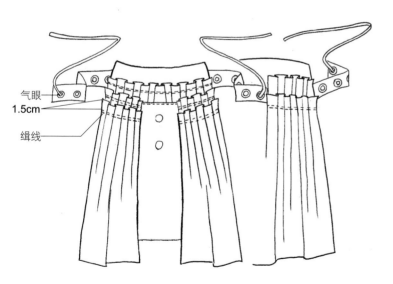

气眼
1.5cm
缉线

图 3-17　半身裙款式图范例 15

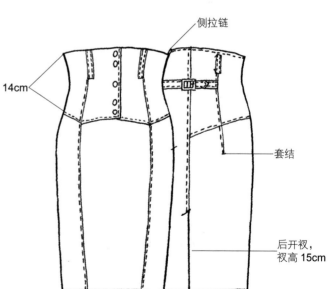

侧拉链

14cm

套结

后开衩，
衩高 15cm

图 3-18　半身裙款式图范例 16

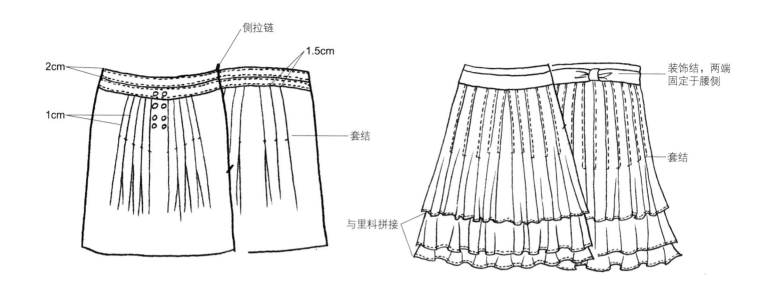

侧拉链

2cm

1.5cm

1cm

套结

图 3-19 半身裙款式图范例 17

装饰结，两端
固定于腰侧

套结

与里料拼接

图 3-20 半身裙款式图范例 18

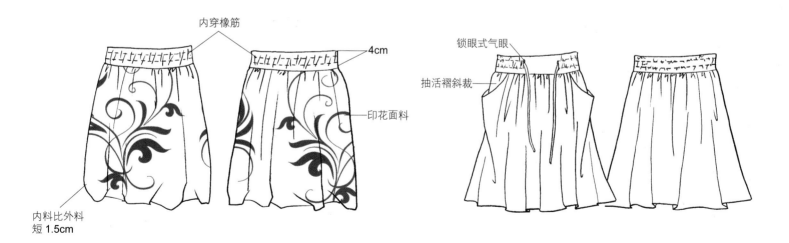

内穿橡筋

4cm

印花面料

内料比外料
短 1.5cm

图 3-21 半身裙款式图范例 19

锁眼式气眼

抽活褶斜裁

图 3-22 半身裙款式图范例 20

第二节　裤子

一、裤子款式图绘画步骤（图 3-23）

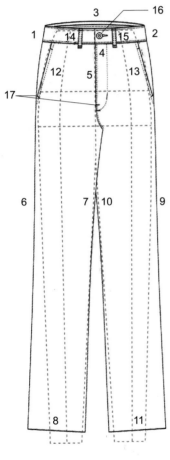

图 3-23　裤子款式图

借助人体下半身模板（参见图 3-1），

1~2. 确定裤腰的高度；

3. 画出后腰围线；

4. 画出前腰围线；

5. 画出裤子的前门襟；

6~7. 按顺序画出裤子一边裤腿的里外侧缝线；

8. 确定裤长，并画出裤脚底边；

9~10. 画出另一边裤腿的里外侧缝线；

11. 参照已经完成的裤长，画出这一侧裤脚底边；

12~13. 按顺序画出两边的裤插袋；

14~15. 按照款式要求画出裤腰处裤襻；

16. 画出扣子及扣眼；

17. 画出套结等局部细节。

二、裤子款式图范例（图3-24~图3-64）

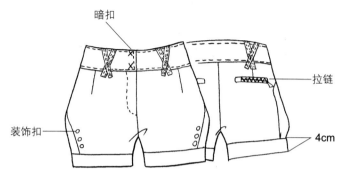

暗扣

拉链

装饰扣

4cm

图3-24　裤子款式图范例1

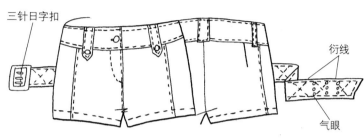

三针日字扣

衍线

气眼

图3-25　裤子款式图范例2

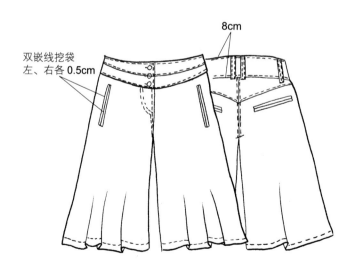

8cm

双嵌线挖袋
左、右各0.5cm

图3-26　裤子款式图范例3

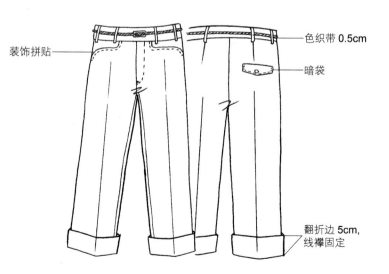

装饰拼贴

色织带0.5cm

暗袋

翻折边5cm,
线襻固定

图3-27　裤子款式图范例4

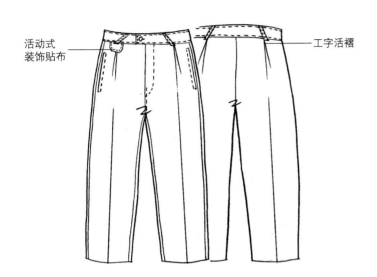

活动式
装饰贴布

工字活褶

图 3-28　裤子款式图范例 5

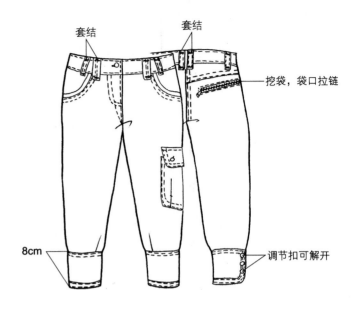

套结

套结

挖袋，袋口拉链

8cm

调节扣可解开

图 3-29　裤子款式图范例 6

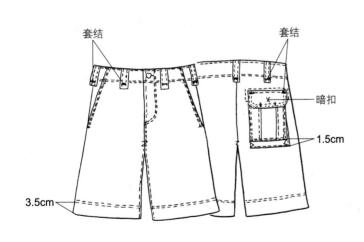

套结

套结

暗扣

1.5cm

3.5cm

图 3-30　裤子款式图范例 7

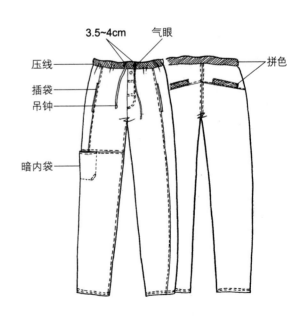

3.5~4cm

气眼

压线

拼色

插袋

吊钟

暗内袋

图 3-31　裤子款式图范例 8

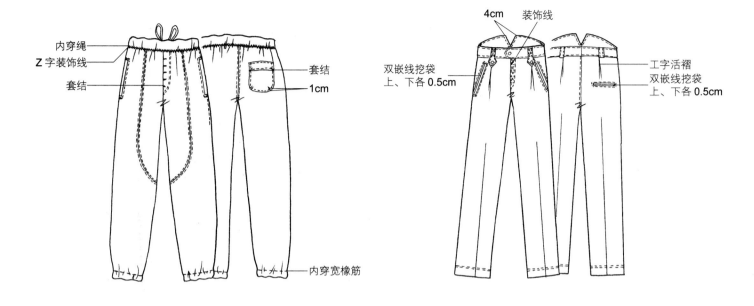

内穿绳
Z 字装饰线
套结
套结
套结
1cm
内穿宽橡筋

图 3-32 裤子款式图范例 9

4cm 装饰线
双嵌线挖袋
上、下各 0.5cm
工字活褶
双嵌线挖袋
上、下各 0.5cm

图 3-33 裤子款式图范例 10

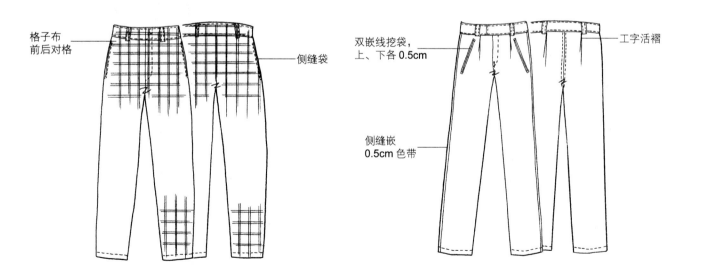

格子布
前后对格
侧缝袋

图 3-34 裤子款式图范例 11

双嵌线挖袋，
上、下各 0.5cm
工字活褶
侧缝嵌
0.5cm 色带

图 3-35 裤子款式图范例 12

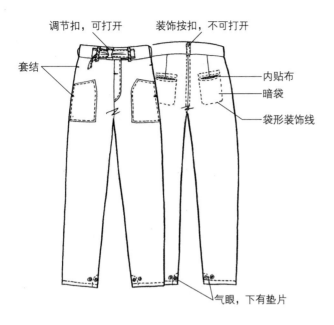

调节扣，可打开　　装饰按扣，不可打开

套结

内贴布
暗袋
袋形装饰线

气眼，下有垫片

图 3-36　裤子款式图范例 13

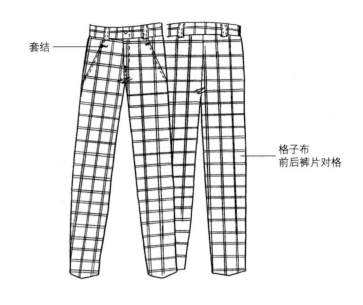

套结

格子布
前后裤片对格

图 3-37　裤子款式图范例 14

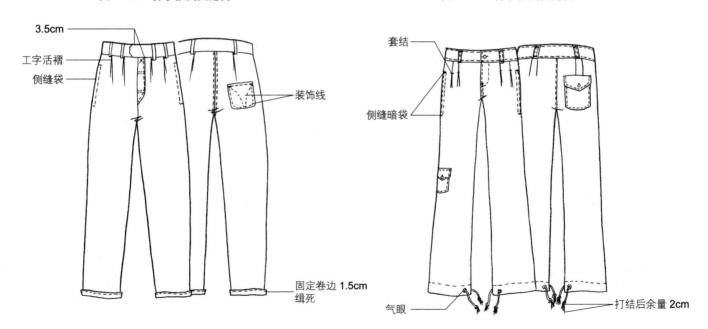

3.5cm

工字活褶
侧缝袋

装饰线

固定卷边 1.5cm
缉死

图 3-38　裤子款式图范例 15

套结

侧缝暗袋

气眼

打结后余量 2cm

图 3-39　裤子款式图范例 16

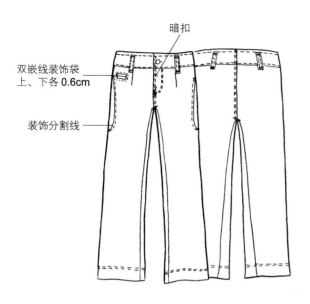

暗扣

双嵌线装饰袋
上、下各 0.6cm

装饰分割线

图 3-40　裤子款式图范例 17

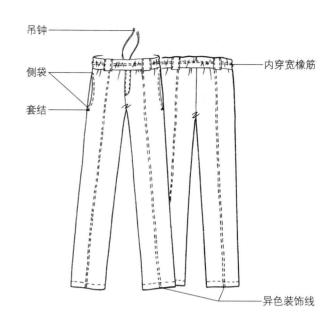

吊钟

侧袋

套结

内穿宽橡筋

异色装饰线

图 3-41　裤子款式图范例 18

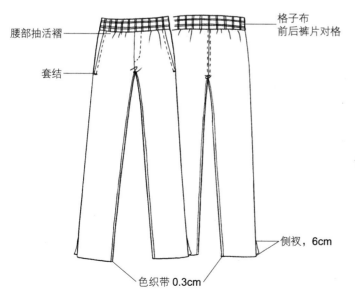

腰部抽活褶

套结

格子布
前后裤片对格

侧衩，6cm

色织带 0.3cm

图 3-42　裤子款式图范例 19

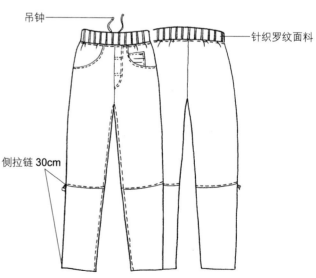

吊钟

侧拉链 30cm

针织罗纹面料

图 3-43　裤子款式图范例 20

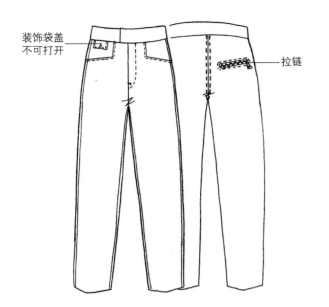

装饰袋盖
不可打开

拉链

图 3-44　裤子款式图范例 21

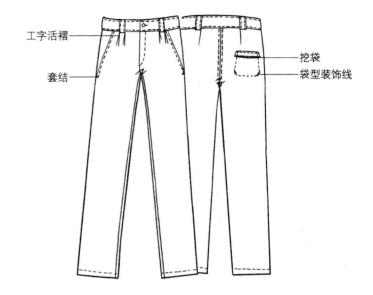

工字活褶

套结

挖袋

袋型装饰线

图 3-45　裤子款式图范例 22

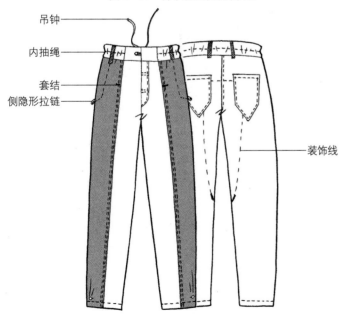

吊钟

内抽绳

套结

侧隐形拉链

装饰线

图 3-46　裤子款式图范例 23

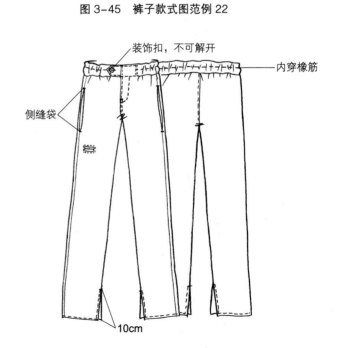

装饰扣，不可解开

内穿橡筋

侧缝袋

10cm

图 3-47　裤子款式图范例 24

气眼

套结

吊钟

橡筋底线

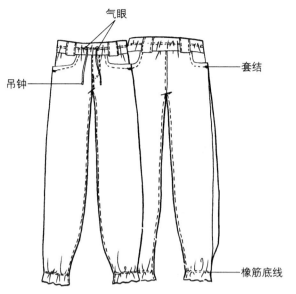

图 3-48　裤子款式图范例 25

暗扣

双嵌线挖袋，
上、下各 0.5cm

图 3-49　裤子款式图范例 26

撞钉

套结

14cm

图 3-50　裤子款式图范例 27

电脑刺绣

色织带 1cm

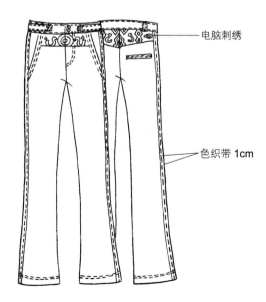

图 3-51　裤子款式图范例 28

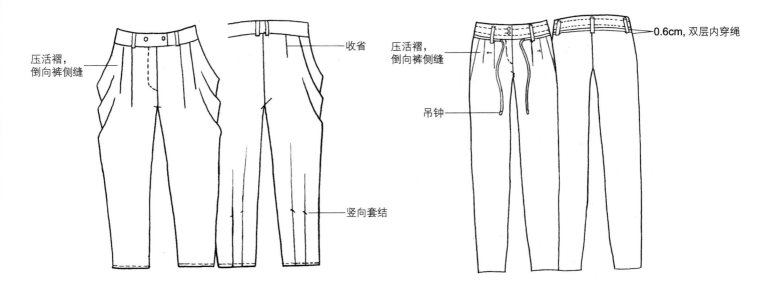

压活褶，
倒向裤侧缝

收省

竖向套结

图 3-52　裤子款式图范例 29

压活褶，
倒向裤侧缝

吊钟

0.6cm，双层内穿绳

图 3-53　裤子款式图范例 30

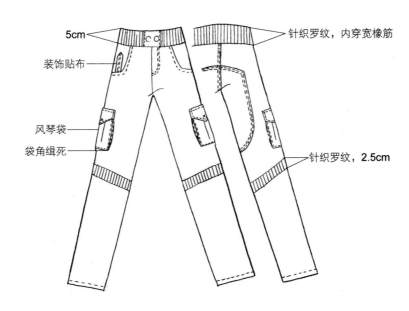

5cm

装饰贴布

风琴袋

袋角缉死

针织罗纹，内穿宽橡筋

针织罗纹，2.5cm

图 3-54　裤子款式图范例 31

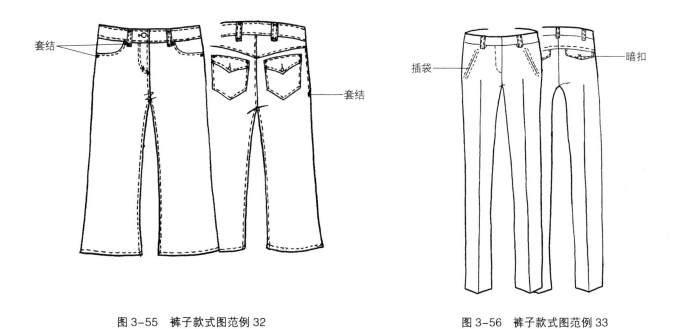

套结

套结

图 3-55　裤子款式图范例 32

插袋

暗扣

图 3-56　裤子款式图范例 33

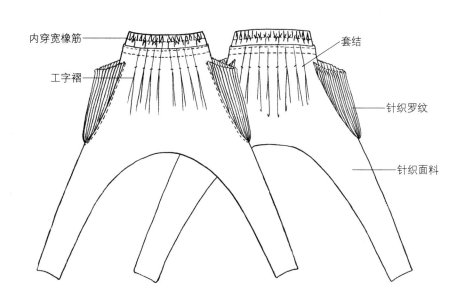

内穿宽橡筋

套结

工字褶

针织罗纹

针织面料

图 3-57　裤子款式图范例 34

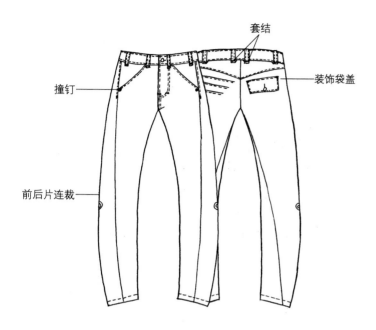

套结

撞钉

装饰袋盖

前后片连裁

图 3-58　裤子款式图范例 35

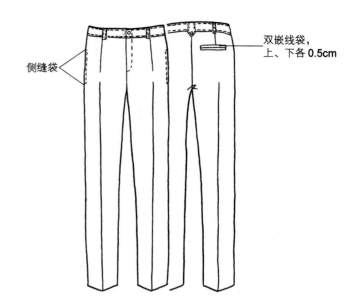

双嵌线袋，
上、下各 0.5cm

侧缝袋

图 3-59　裤子款式图范例 36

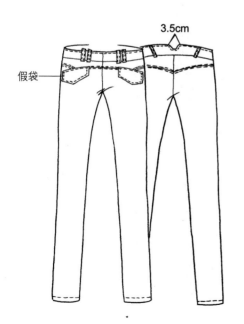

3.5cm

假袋

图 3-60　裤子款式图范例 37

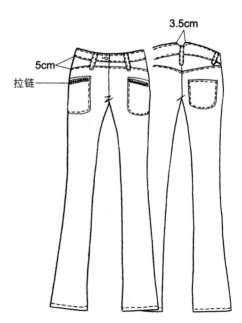

3.5cm

5cm

拉链

图 3-61　裤子款式图范例 38

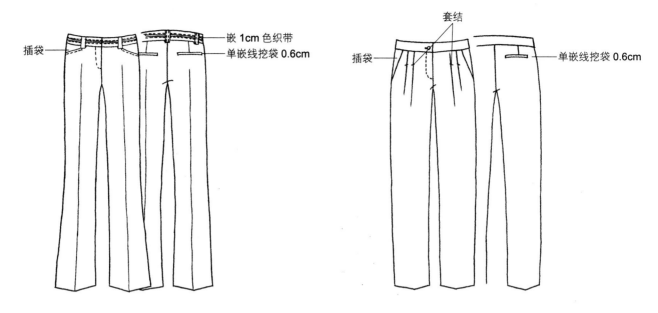

插袋

嵌 1cm 色织带

单嵌线挖袋 0.6cm

套结

插袋

单嵌线挖袋 0.6cm

图 3-62　裤子款式图范例 39

图 3-63　裤子款式图范例 40

暗扣

双嵌线挖袋，上、下各 0.6cm

带针日字扣

套结

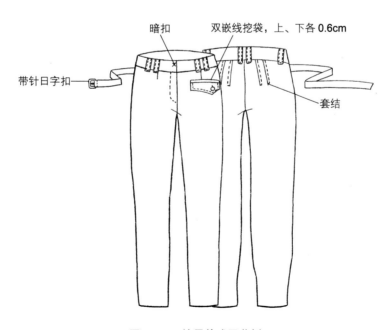

图 3-64　裤子款式图范例 41

第三节　上衣

一、上衣款式图绘画步骤（图 3-65、图 3-66）

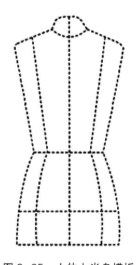

图 3-65　人体上半身模板

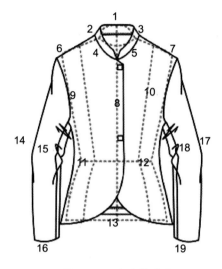

图 3-66　上衣款式图

借助人体模板，

1. 先画出后领围线；

2~3. 依次画出左右两边的领高；

4~5. 确定领底线，并画好衣领；

6~7. 画出两肩线；

8. 按照服装的款式要求，画出门襟线；

9~10. 确定袖窿深度，画出袖窿线；

11~12. 画出腰部侧缝线；

13. 按照服装的款式要求，画服装底边线；

14~16. 按顺序画出右边袖子；

17~19. 画出另一边袖子；

20. 画出服装上的缝迹线、扣子等细节装饰。

二、上衣款式图范例

（一）贴体类上衣款式图范例

贴体类服装指的是穿着时紧贴身体的服装，这类服装一般比较合体，服装与身体之间的间隙比较小。在绘画时需要按照款式特征，仔细描绘。

1. 女款贴体类上衣款式范例（图3-67~图3-110）

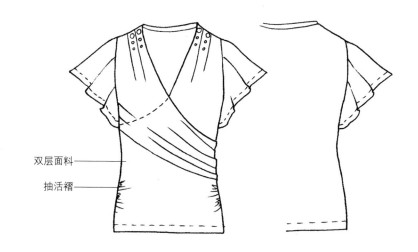

双层面料

抽活褶

图3-67　女款贴体类上衣款式图范例1

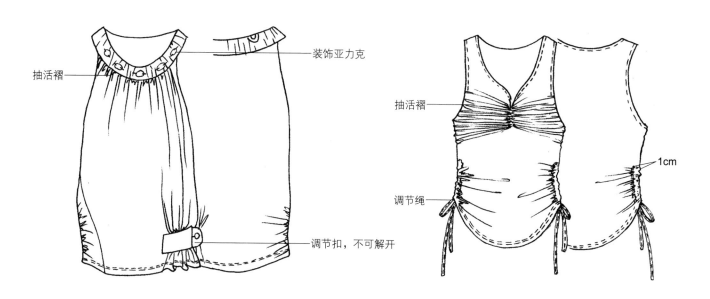

抽活褶

装饰亚力克

调节扣，不可解开

抽活褶

调节绳

1cm

图3-68　女款贴体类上衣款式图范例2

图3-69　女款贴体类上衣款式图范例3

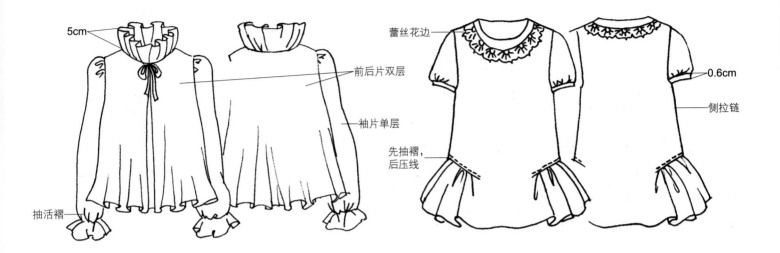

5cm

前后片双层

袖片单层

抽活褶

蕾丝花边

0.6cm

侧拉链

先抽褶，
后压线

图 3-70　女款贴体类上衣款式图范例 4

图 3-71　女款贴体类上衣款式图范例 5

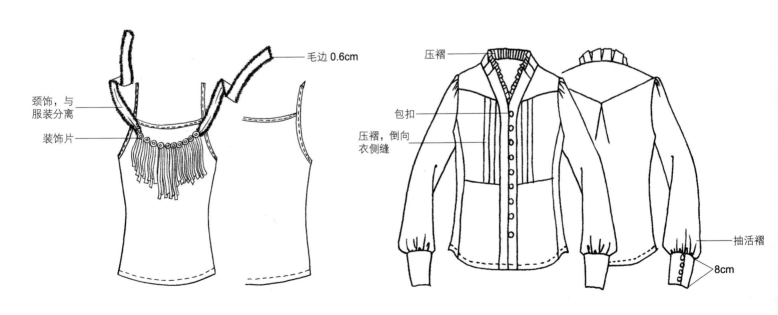

毛边 0.6cm

颈饰，与
服装分离

装饰片

压褶

包扣

压褶，倒向
衣侧缝

抽活褶

8cm

图 3-72　女款贴体类上衣款式图范例 6

图 3-73　女款贴体类上衣款式图范例 7

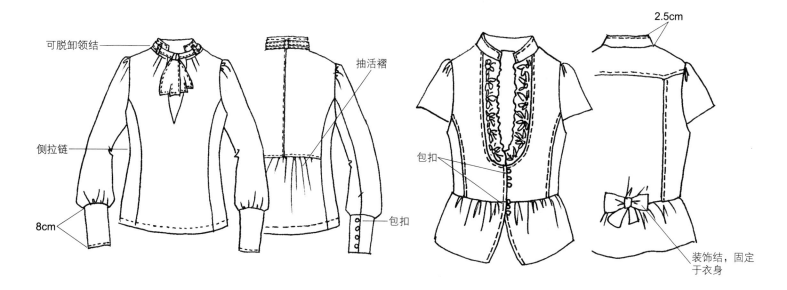

可脱卸领结

抽活褶

侧拉链

8cm

包扣

图 3-74　女款贴体类上衣款式图范例 8

2.5cm

包扣

装饰结，固定
于衣身

图 3-75　女款贴体类上衣款式图范例 9

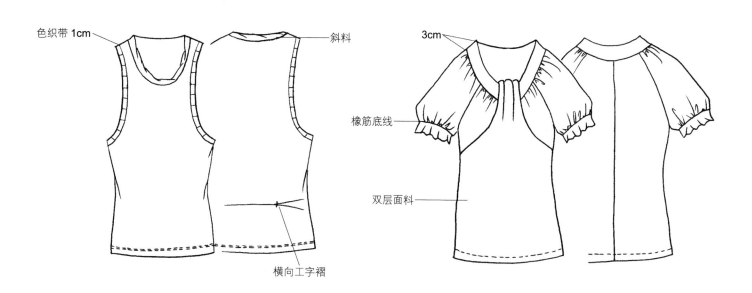

色织带 1cm

斜料

横向工字褶

图 3-76　女款贴体类上衣款式图范例 10

3cm

橡筋底线

双层面料

图 3-77　女款贴体类上衣款式图范例 11

033

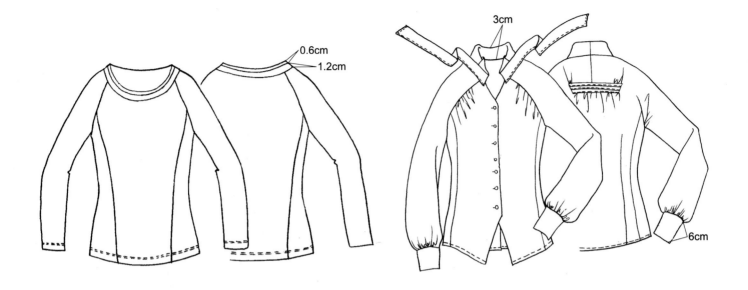

0.6cm
1.2cm

图 3-78 女款贴体类上衣款式图范例 12

3cm

6cm

图 3-79 女款贴体类上衣款式图范例 13

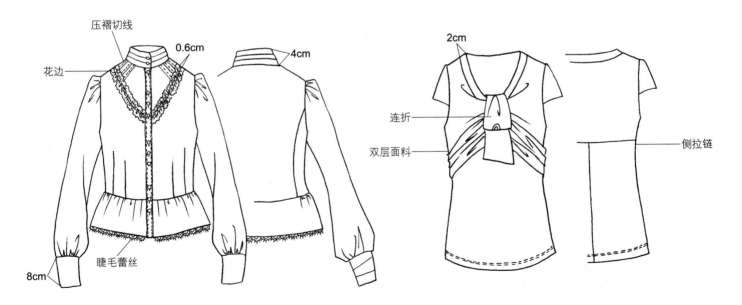

压褶切线
0.6cm
4cm
花边
睫毛蕾丝
8cm

图 3-80 女款贴体类上衣款式图范例 14

2cm
连折
双层面料
侧拉链

图 3-81 女款贴体类上衣款式图范例 15

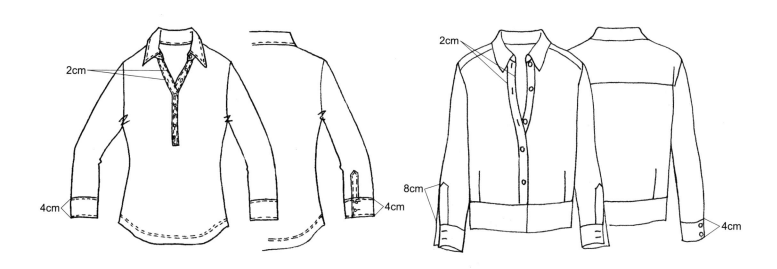

图 3-82　女款贴体类上衣款式图范例 16

图 3-83　女款贴体类上衣款式图范例 17

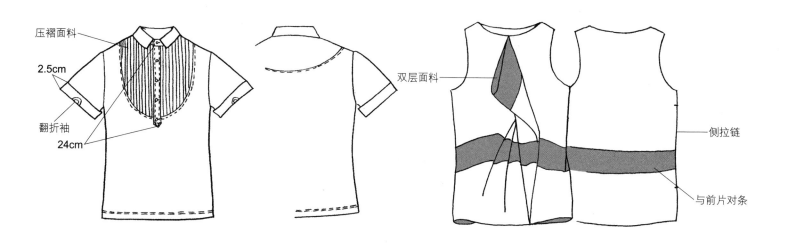

图 3-84　女款贴体类上衣款式图范例 18

图 3-85　女款贴体类上衣款式图范例 19

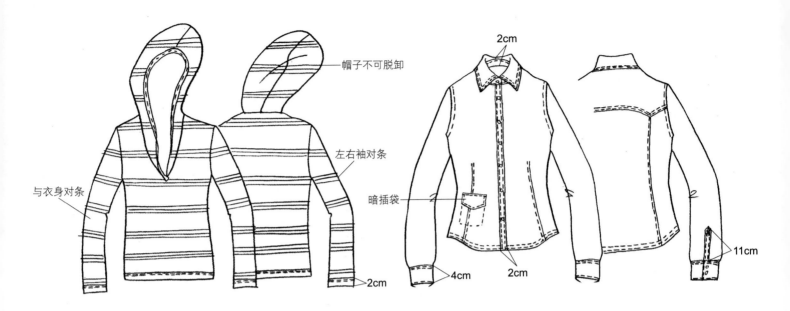

图 3-86　女款贴体类上衣款式图范例 20　　　　　　图 3-87　女款贴体类上衣款式图范例 21

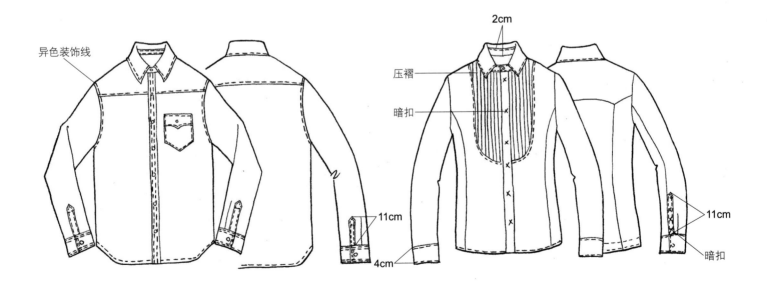

图 3-88　女款贴体类上衣款式图范例 22　　　　　　图 3-89　女款贴体类上衣款式图范例 23

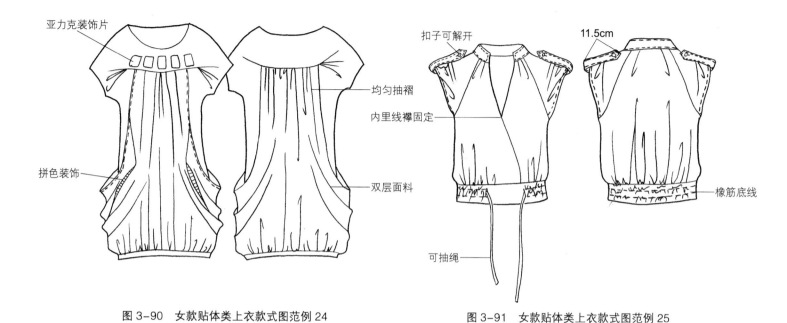

亚力克装饰片

均匀抽褶

内里线襻固定

扣子可解开

11.5cm

拼色装饰

双层面料

可抽绳

橡筋底线

图 3-90 女款贴体类上衣款式图范例 24

图 3-91 女款贴体类上衣款式图范例 25

3cm

花边

2.5cm

45° 斜料

细褶切线装饰

双层荷叶边

可调节腰带

针织面料

图 3-92 女款贴体类上衣款式图范例 26

图 3-93 女款贴体类上衣款式图范例 27

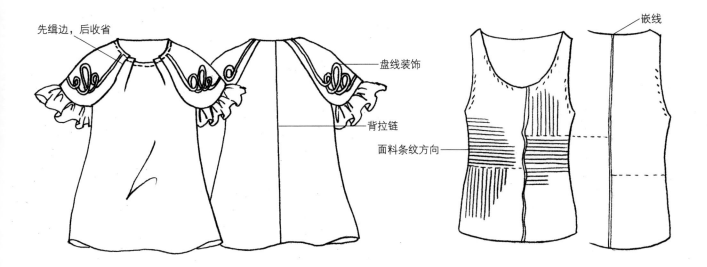

先缉边，后收省

盘线装饰

背拉链

面料条纹方向

嵌线

图 3-94　女款贴体类上衣款式图范例 28

图 3-95　女款贴体类上衣款式图范例 29

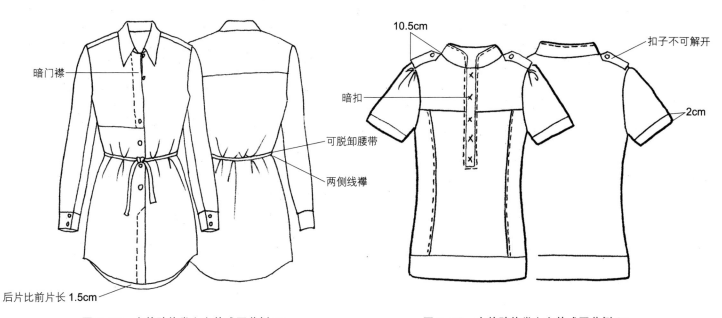

暗门襟

可脱卸腰带

两侧线襻

后片比前片长 1.5cm

10.5cm

暗扣

扣子不可解开

2cm

图 3-96　女款贴体类上衣款式图范例 30

图 3-97　女款贴体类上衣款式图范例 31

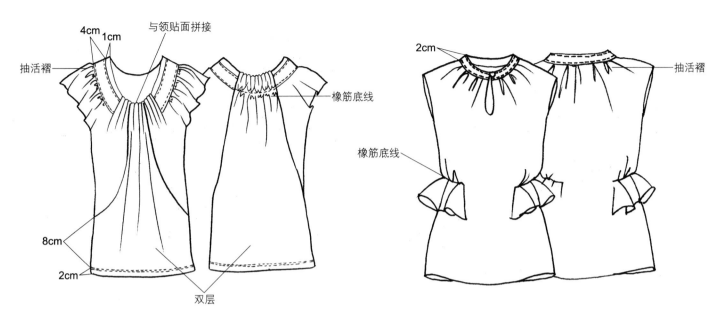

图 3-98　女款贴体类上衣款式图范例 32

图 3-99　女款贴体类上衣款式图范例 33

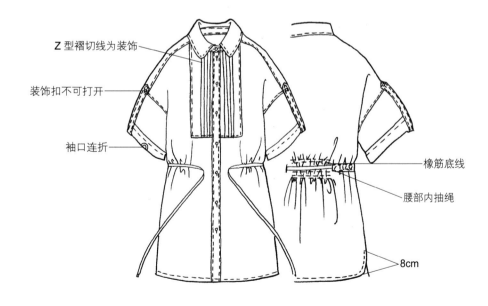

图 3-100　女款贴体类上衣款式图范例 34

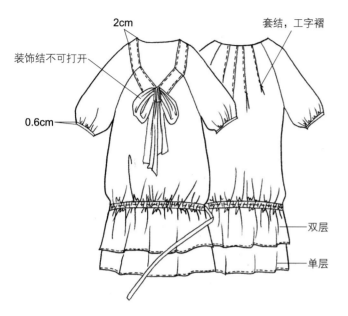

图 3-101　女款贴体类上衣款式图范例 35

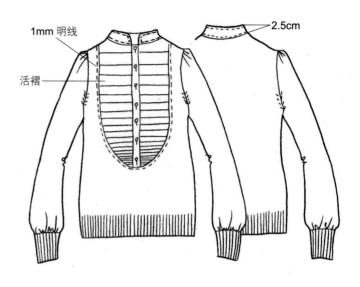

图 3-102　女款贴体类上衣款式图范例 36

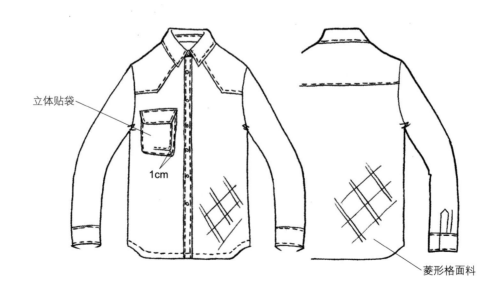

图 3-103　女款贴体类上衣款式图范例 37

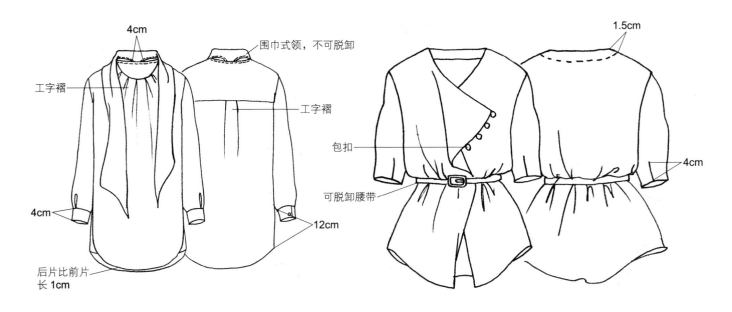

图 3-104　女款贴体类上衣款式图范例 38

图 3-105　女款贴体类上衣款式图范例 39

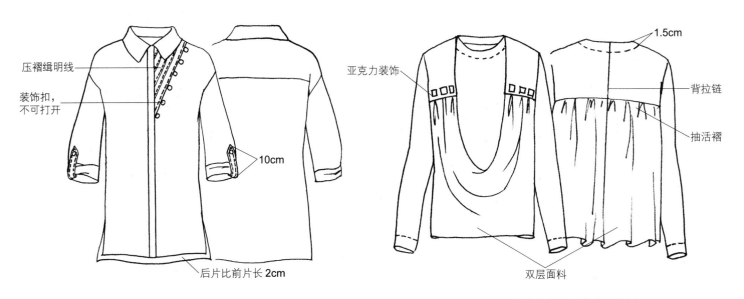

图 3-106　女款贴体类上衣款式图范例 40

图 3-107　女款贴体类上衣款式图范例 41

041

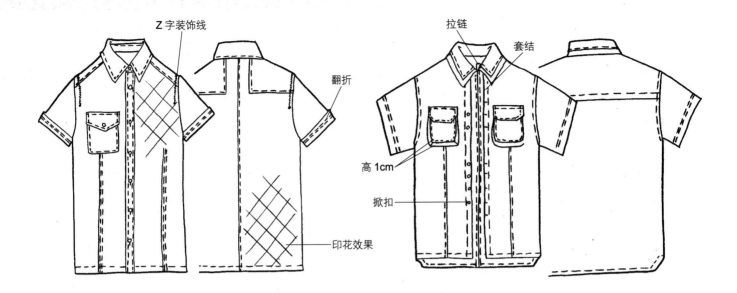

图 3-108　女款贴体类上衣款式图范例 42

图 3-109　女款贴体类上衣款式图范例 43

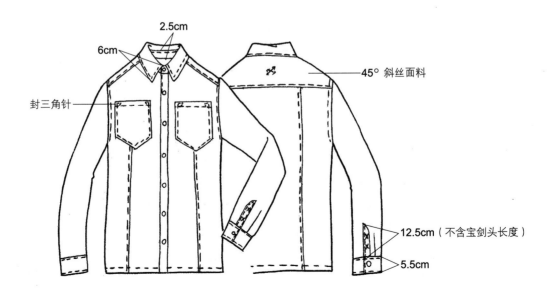

图 3-110　女款贴体类上衣款式图范例 44

2. 男款贴体类上衣款式图范例（图 3-111~ 图 3-158）

Z 字线装饰

套结

6cm

13cm
滚边

图 3-111　男款贴体类上衣款式图范例 1

2.5cm

拼接，不切线

9cm

套结

图 3-112　男款贴体类上衣款式图范例 2

主标

套结

13cm

6cm

前后片差 3cm

图 3-113　男款贴体类上衣款式图范例 3

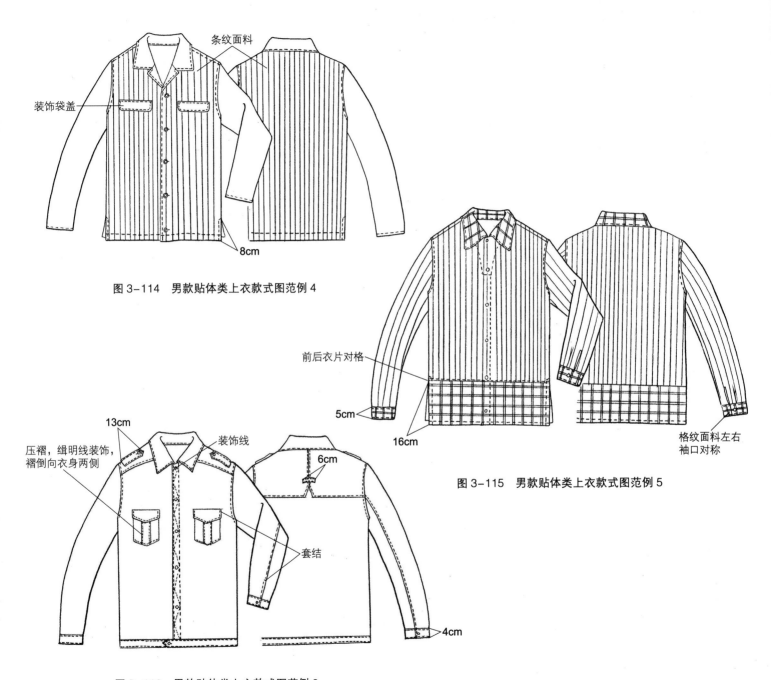

条纹面料

装饰袋盖

8cm

图 3-114　男款贴体类上衣款式图范例 4

前后衣片对格

5cm

16cm

格纹面料左右
袖口对称

图 3-115　男款贴体类上衣款式图范例 5

13cm

装饰线

压褶，缉明线装饰，
褶倒向衣身两侧

6cm

套结

4cm

图 3-116　男款贴体类上衣款式图范例 6

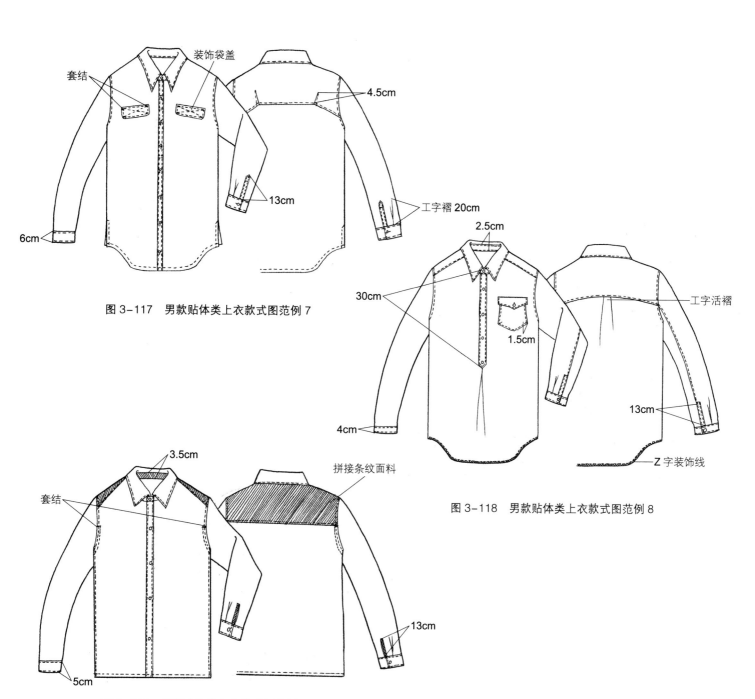

套结
装饰袋盖
4.5cm
13cm
6cm
工字褶 20cm

图 3-117　男款贴体类上衣款式图范例 7

2.5cm
30cm
1.5cm
工字活褶
4cm
13cm
Z 字装饰线

图 3-118　男款贴体类上衣款式图范例 8

3.5cm
拼接条纹面料
套结
13cm
5cm

图 3-119　男款贴体类上衣款式图范例 9

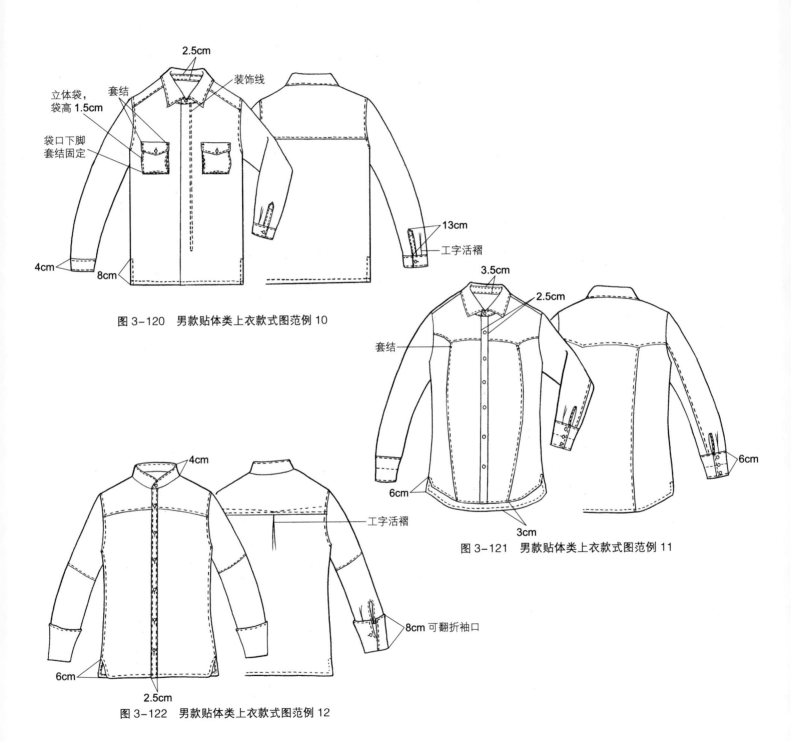

2.5cm

装饰线

立体袋，
袋高 1.5cm

套结

袋口下脚
套结固定

13cm

工字活褶

4cm

8cm

图 3-120　男款贴体类上衣款式图范例 10

3.5cm

2.5cm

套结

6cm

6cm

3cm

图 3-121　男款贴体类上衣款式图范例 11

4cm

工字活褶

8cm 可翻折袖口

6cm

2.5cm

图 3-122　男款贴体类上衣款式图范例 12

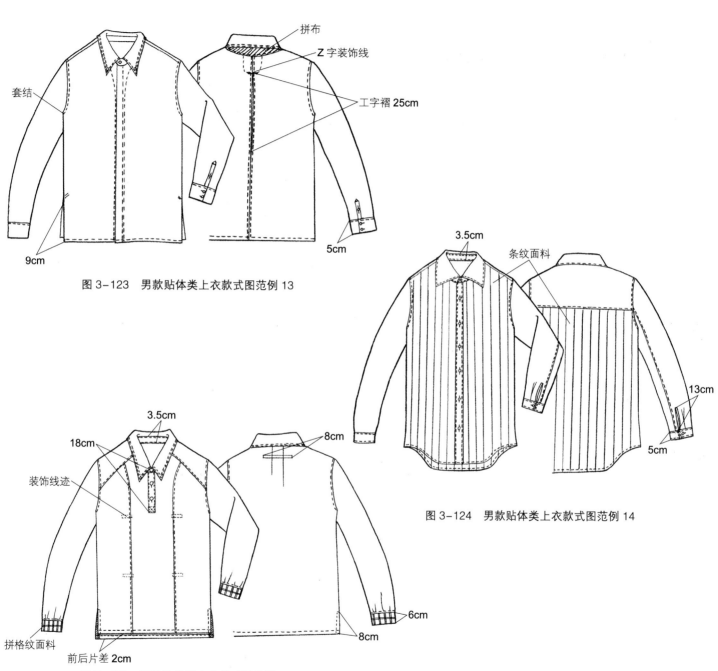

拼布

Z 字装饰线

工字褶 25cm

套结

9cm

图 3-123　男款贴体类上衣款式图范例 13

5cm

3.5cm

条纹面料

13cm

5cm

图 3-124　男款贴体类上衣款式图范例 14

3.5cm

18cm

8cm

装饰线迹

拼格纹面料

前后片差 2cm

6cm

8cm

图 3-125　男款贴体类上衣款式图范例 15

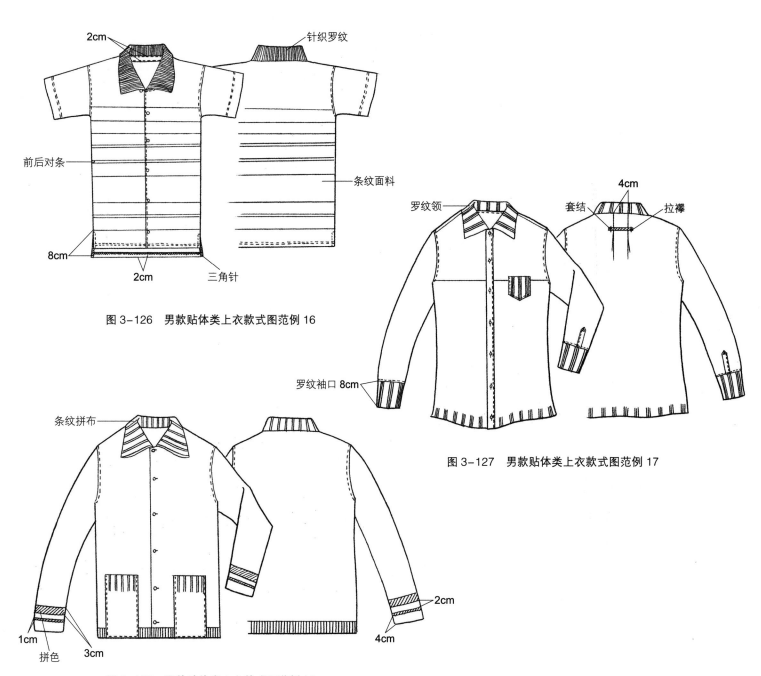

2cm

针织罗纹

前后对条

条纹面料

8cm

2cm

三角针

图 3-126　男款贴体类上衣款式图范例 16

罗纹领

4cm

套结

拉襻

罗纹袖口 8cm

图 3-127　男款贴体类上衣款式图范例 17

条纹拼布

1cm

拼色

3cm

2cm

4cm

图 3-128　男款贴体类上衣款式图范例 18

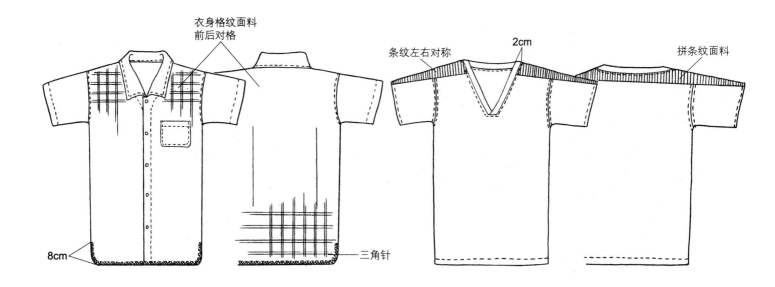

衣身格纹面料
前后对格

8cm

三角针

图 3-129 男款贴体类上衣款式图范例 19

条纹左右对称

2cm

拼条纹面料

图 3-130 男款贴体类上衣款式图范例 20

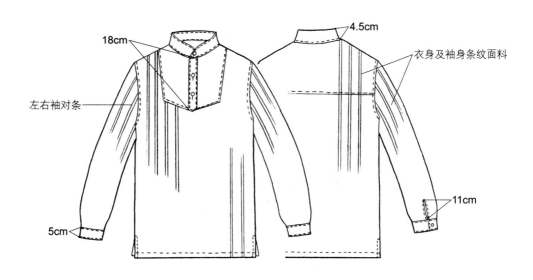

18cm

4.5cm

衣身及袖身条纹面料

左右袖对条

11cm

5cm

图 3-131 男款贴体类上衣款式图范例 21

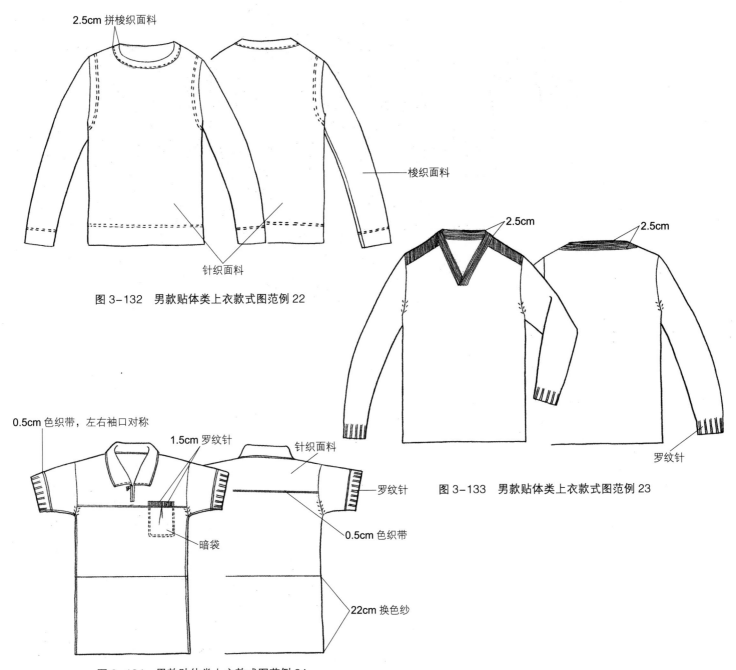

2.5cm 拼梭织面料

梭织面料

针织面料

图 3-132　男款贴体类上衣款式图范例 22

2.5cm

2.5cm

罗纹针

图 3-133　男款贴体类上衣款式图范例 23

0.5cm 色织带，左右袖口对称

1.5cm 罗纹针

针织面料

罗纹针

暗袋

0.5cm 色织带

22cm 换色纱

图 3-134　男款贴体类上衣款式图范例 24

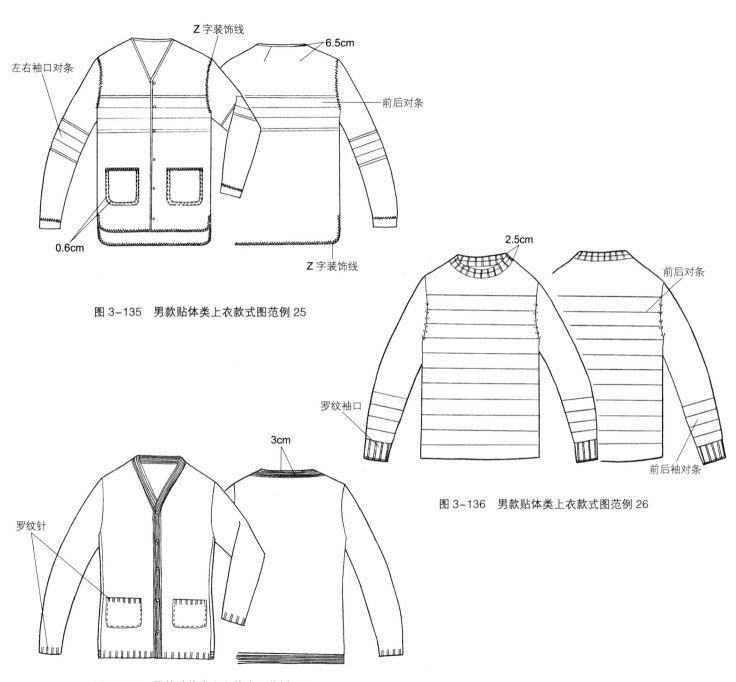

左右袖口对条

Z字装饰线

6.5cm

前后对条

0.6cm

Z字装饰线

图 3-135　男款贴体类上衣款式图范例 25

2.5cm

前后对条

罗纹袖口

前后袖对条

图 3-136　男款贴体类上衣款式图范例 26

3cm

罗纹针

图 3-137　男款贴体类上衣款式图范例 27

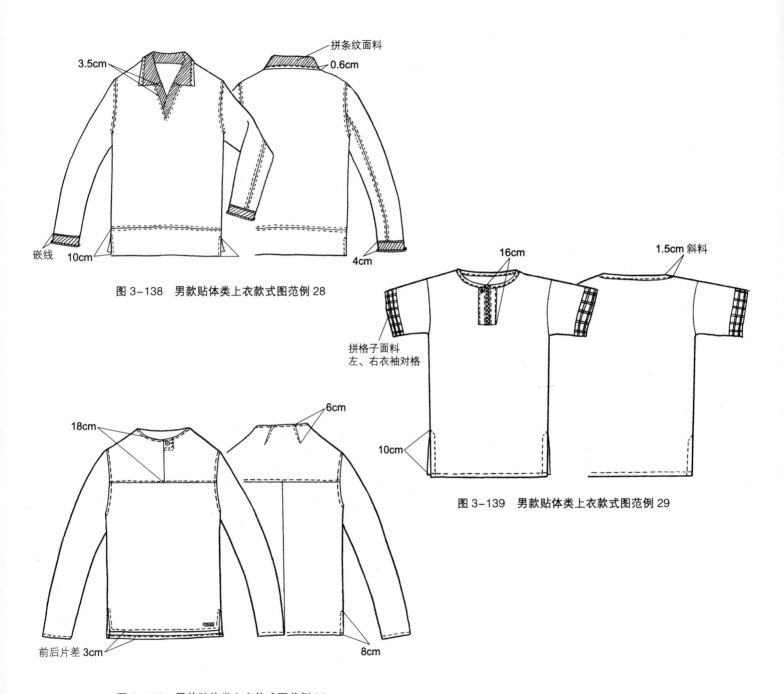

3.5cm

拼条纹面料

0.6cm

嵌线　10cm

4cm

图 3-138　男款贴体类上衣款式图范例 28

16cm

1.5cm 斜料

拼格子面料
左、右衣袖对格

10cm

图 3-139　男款贴体类上衣款式图范例 29

18cm

6cm

前后片差 3cm

8cm

图 3-140　男款贴体类上衣款式图范例 30

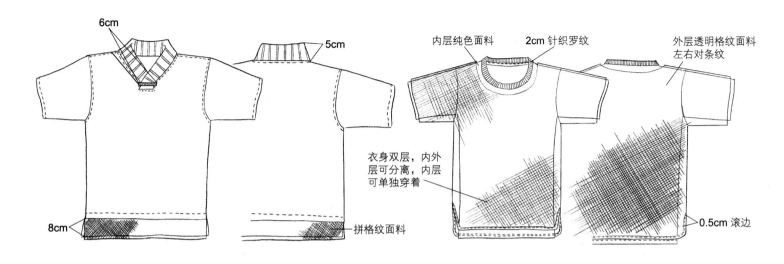

图 3-141　男款贴体类上衣款式图范例 31

图 3-142　男款贴体类上衣款式图范例 32

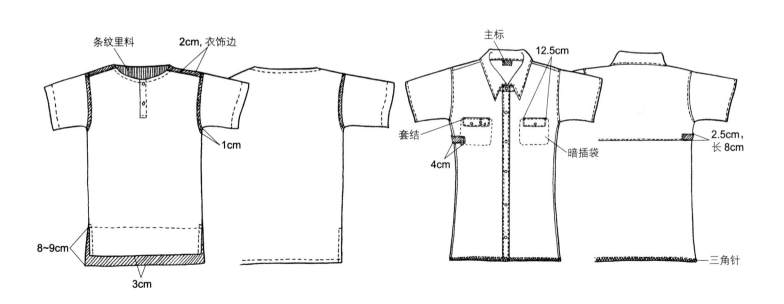

图 3-143　男款贴体类上衣款式图范例 33

图 3-144　男款贴体类上衣款式图范例 34

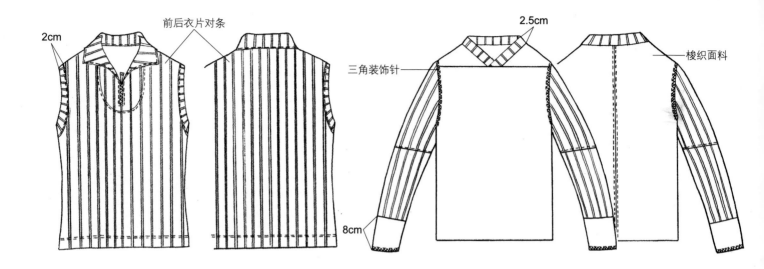

2cm

前后衣片对条

2.5cm

三角装饰针

梭织面料

8cm

图 3-145 男款贴体类上衣款式图范例 35

图 3-146 男款贴体类上衣款式图范例 36

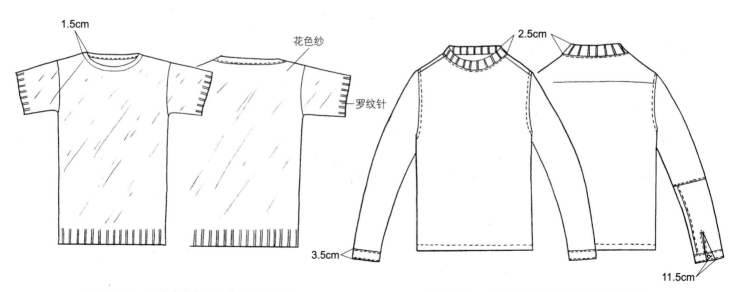

1.5cm

花色纱

罗纹针

2.5cm

3.5cm

11.5cm

图 3-147 男款贴体类上衣款式图范例 37

图 3-148 男款贴体类上衣款式图范例 38

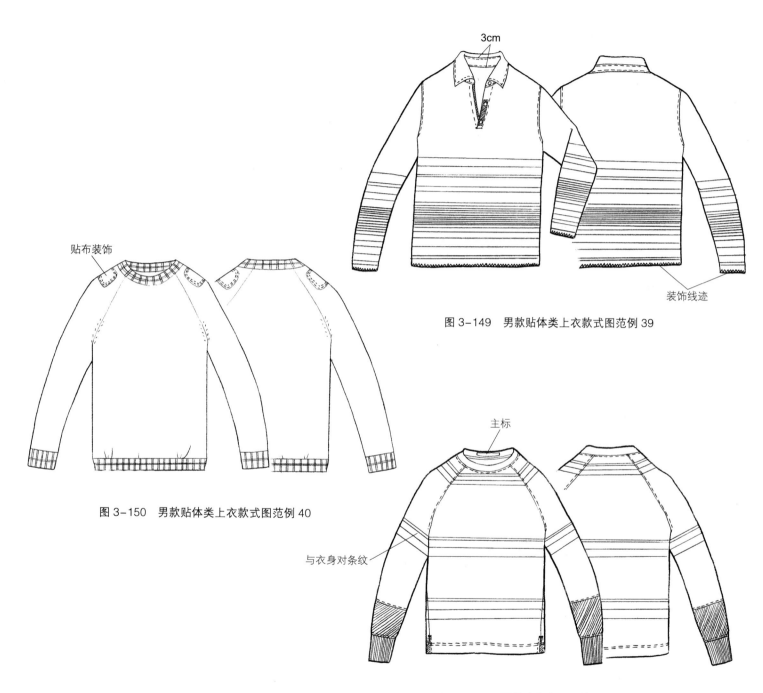

3cm

装饰线迹

图 3-149 男款贴体类上衣款式图范例 39

贴布装饰

图 3-150 男款贴体类上衣款式图范例 40

主标

与衣身对条纹

图 3-151 男款贴体类上衣款式图范例 41

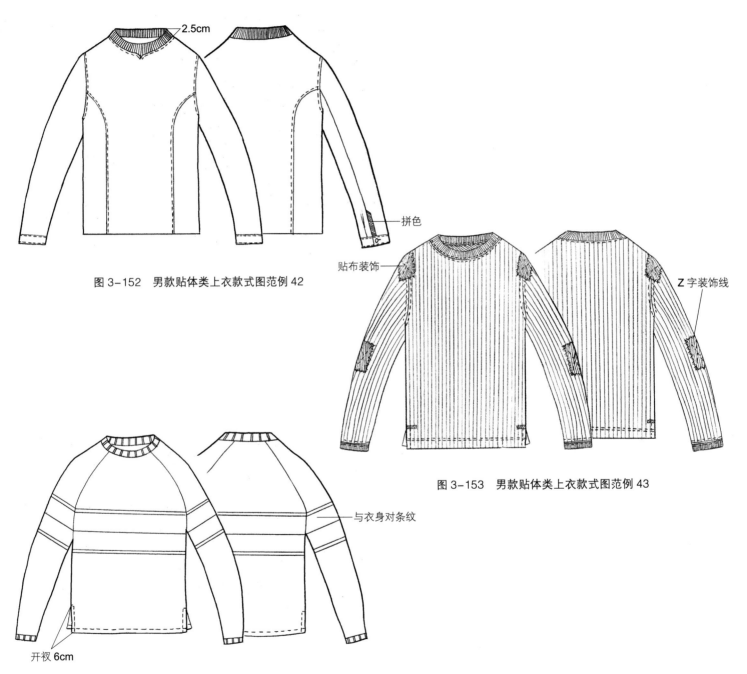

2.5cm

拼色

贴布装饰

Z 字装饰线

图 3-152　男款贴体类上衣款式图范例 42

图 3-153　男款贴体类上衣款式图范例 43

与衣身对条纹

开衩 6cm

图 3-154　男款贴体类上衣款式图范例 44

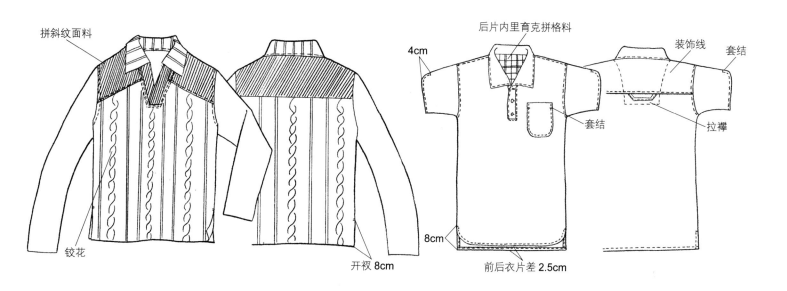

拼斜纹面料

铰花

开衩 8cm

图 3-155　男款贴体类上衣款式图范例 45

后片内里育克拼格料

4cm

装饰线

套结

套结

拉襻

8cm

前后衣片差 2.5cm

图 3-156　男款贴体类上衣款式图范例 46

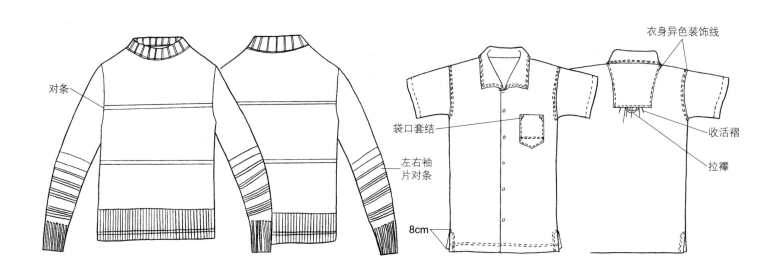

对条

左右袖片对条

图 3-157　男款贴体类上衣款式图范例 47

衣身异色装饰线

袋口套结

收活褶

拉襻

8cm

图 3-158　男款贴体类上衣款式图范例 48

（二）外套类上衣款式图范例

外套，顾名思义是穿在外层的服装。外套的体积一般比较大，长衣袖，在穿着时可覆盖上身的其他衣服。一般外套前端有纽扣或者拉链以便穿着。外套一般用作保暖或抵挡雨水的用途。

外套类服装一般与人体之间的间隙较大，绘画时需要把握好服装与人体之间的间隙关系——即服装的宽松度，依次绘画。

1. 女款外套类上衣款式图范例（图 3-159~ 图 3-256）

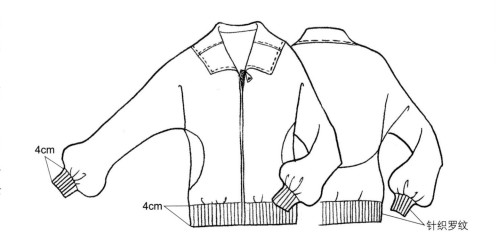

图 3-159　女款外套类上衣款式图范例 1

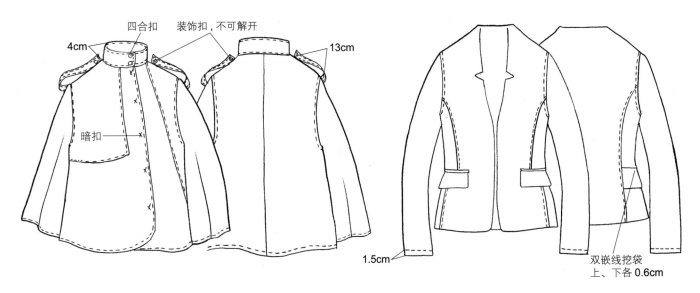

图 3-160　女款外套类上衣款式图范例 2

图 3-161　女款外套类上衣款式图范例 3

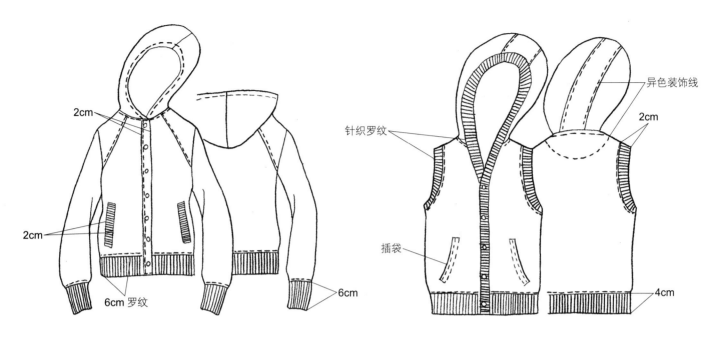

图 3-162 女款外套类上衣款式图范例 4

图 3-163 女款外套类上衣款式图范例 5

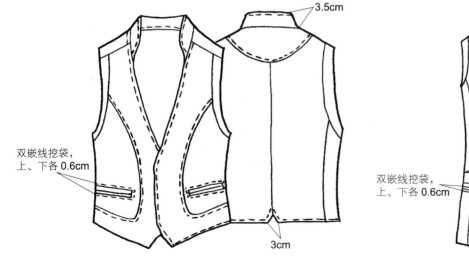

图 3-164 女款外套类上衣款式图范例 6

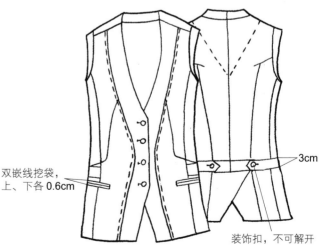

图 3-165 女款外套类上衣款式图范例 7

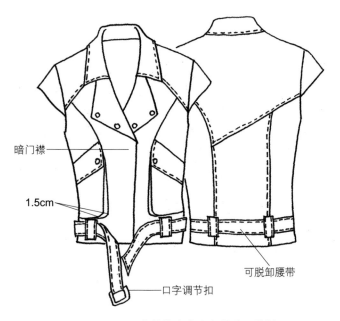

暗门襟

1.5cm

口字调节扣

可脱卸腰带

图 3-166 女款外套类上衣款式图范例 8

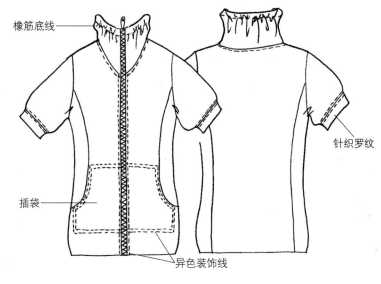

橡筋底线

针织罗纹

插袋

异色装饰线

图 3-167 女款外套类上衣款式图范例 9

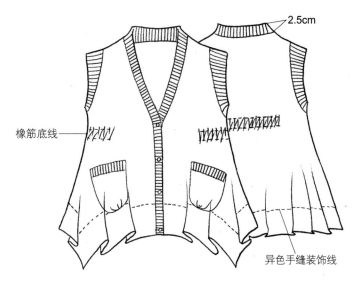

2.5cm

橡筋底线

异色手缝装饰线

图 3-168 女款外套类上衣款式图范例 10

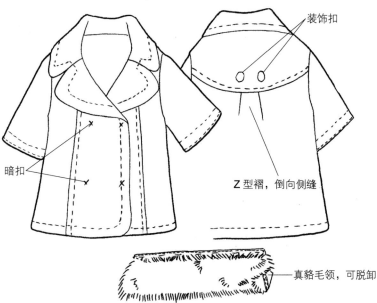

装饰扣

暗扣

Z 型褶，倒向侧缝

真貂毛领，可脱卸

图 3-169 女款外套类上衣款式图范例 11

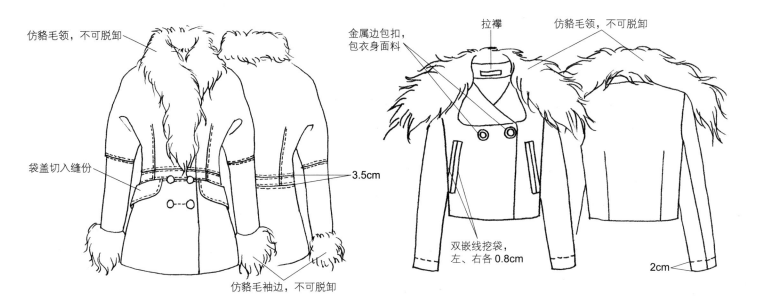

仿貂毛领，不可脱卸

袋盖切入缝份

3.5cm

仿貂毛袖边，不可脱卸

图 3-170　女款外套类上衣款式图范例 12

拉襻

金属边包扣，包衣身面料

仿貂毛领，不可脱卸

双嵌线挖袋，左、右各 0.8cm

2cm

图 3-171　女款外套类上衣款式图范例 13

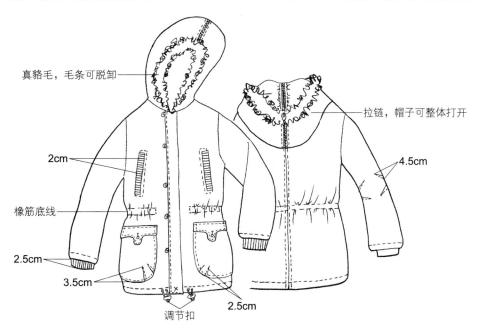

真貂毛，毛条可脱卸

拉链，帽子可整体打开

2cm

橡筋底线

4.5cm

2.5cm

3.5cm

2.5cm

调节扣

图 3-172　女款外套类上衣款式图范例 14

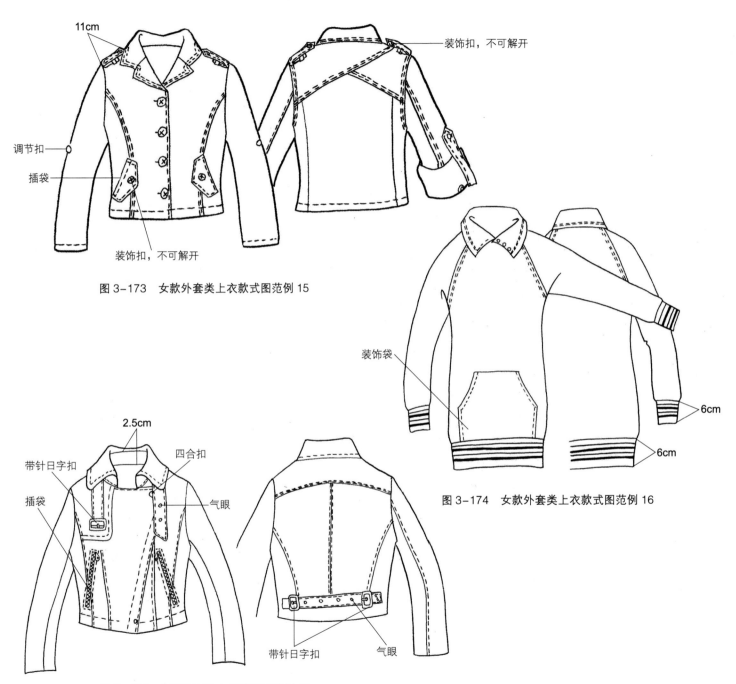

11cm

装饰扣，不可解开

调节扣

插袋

装饰扣，不可解开

图 3-173　女款外套类上衣款式图范例 15

装饰袋

6cm

6cm

图 3-174　女款外套类上衣款式图范例 16

2.5cm

带针日字扣

插袋

四合扣

气眼

带针日字扣

气眼

图 3-175　女款外套类上衣款式图范例 17

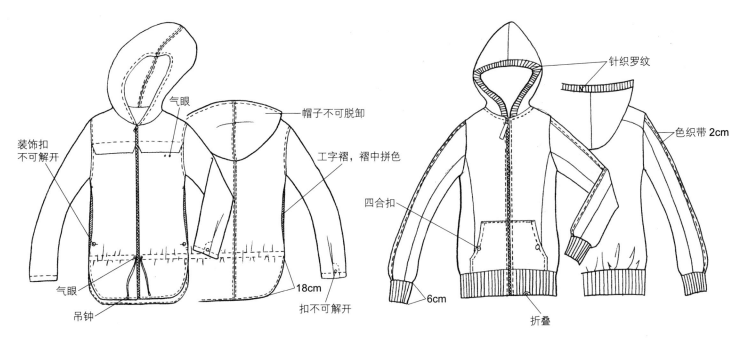

图 3-176　女款外套类上衣款式图范例 18

图 3-177　女款外套类上衣款式图范例 19

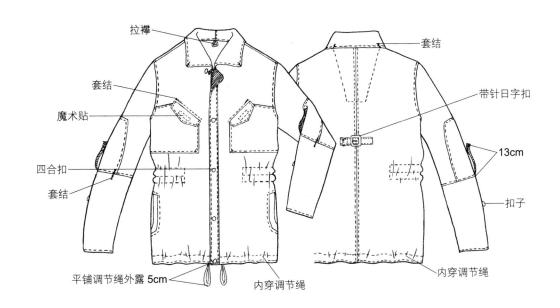

图 3-178　女款外套类上衣款式图范例 20

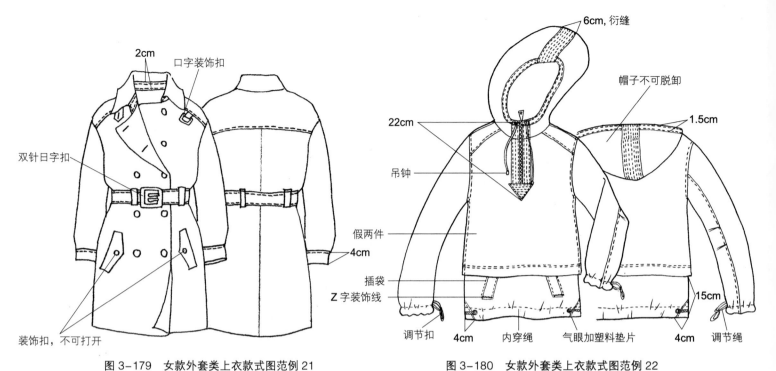

2cm

口字装饰扣

双针日字扣

装饰扣，不可打开

图 3-179　女款外套类上衣款式图范例 21

6cm, 衍缝

22cm

吊钟

假两件

插袋

Z 字装饰线

帽子不可脱卸

1.5cm

4cm

调节扣　4cm　内穿绳　气眼加塑料垫片　4cm　调节绳

15cm

图 3-180　女款外套类上衣款式图范例 22

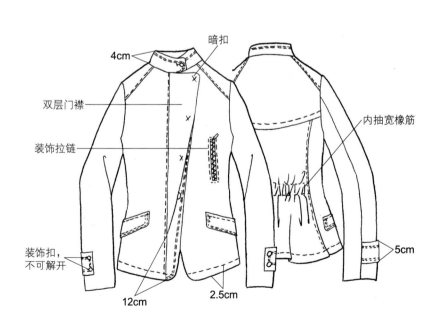

4cm

暗扣

双层门襟

装饰拉链

装饰扣，
不可解开

内抽宽橡筋

5cm

12cm　　2.5cm

图 3-181　女款外套类上衣款式图范例 23

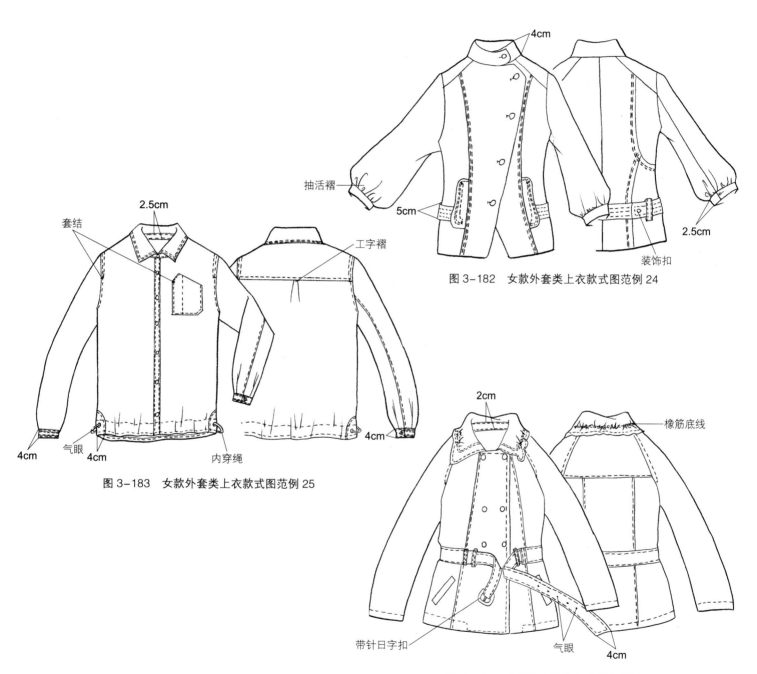

4cm

抽活褶

5cm

2.5cm

装饰扣

图 3-182　女款外套类上衣款式图范例 24

2.5cm

套结

工字褶

4cm

气眼

4cm

内穿绳

图 3-183　女款外套类上衣款式图范例 25

2cm

橡筋底线

带针日字扣

气眼

4cm

图 3-184　女款外套类上衣款式图范例 26

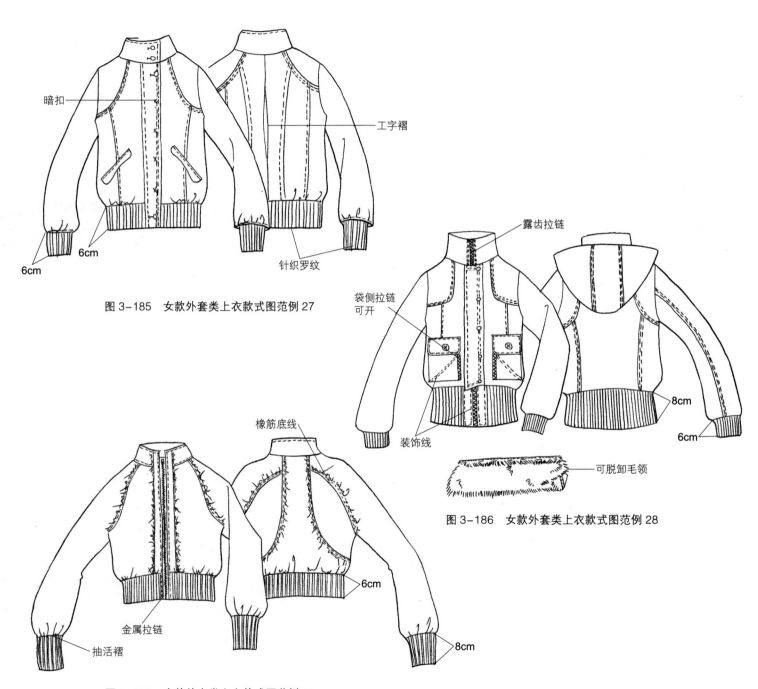

暗扣

6cm

6cm

图 3-185　女款外套类上衣款式图范例 27

工字褶

针织罗纹

露齿拉链

袋侧拉链
可开

装饰线

8cm

6cm

可脱卸毛领

图 3-186　女款外套类上衣款式图范例 28

橡筋底线

金属拉链

抽活褶

6cm

8cm

图 3-187　女款外套类上衣款式图范例 29

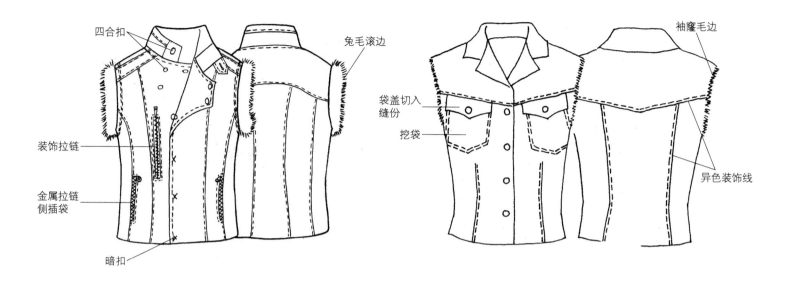

四合扣

兔毛滚边

装饰拉链

金属拉链
侧插袋

暗扣

图 3-188 女款外套类上衣款式图范例 30

袖窿毛边

袋盖切入
缝份

挖袋

异色装饰线

图 3-189 女款外套类上衣款式图范例 31

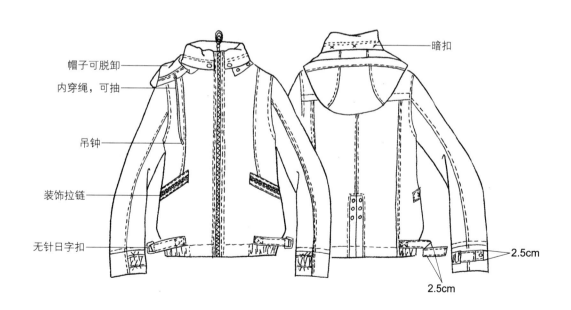

帽子可脱卸

内穿绳，可抽

吊钟

装饰拉链

无针日字扣

暗扣

2.5cm

2.5cm

图 3-190 女款外套类上衣款式图范例 32

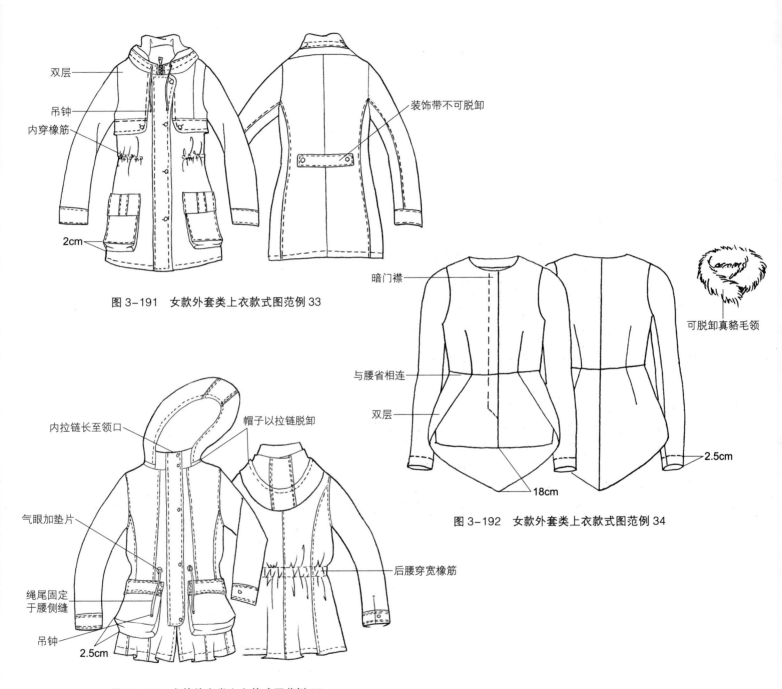

双层

吊钟

内穿橡筋

2cm

图 3-191　女款外套类上衣款式图范例 33

装饰带不可脱卸

暗门襟

与腰省相连

双层

可脱卸真貂毛领

2.5cm

18cm

图 3-192　女款外套类上衣款式图范例 34

内拉链长至领口

帽子以拉链脱卸

气眼加垫片

绳尾固定
于腰侧缝

吊钟

2.5cm

后腰穿宽橡筋

图 3-193　女款外套类上衣款式图范例 35

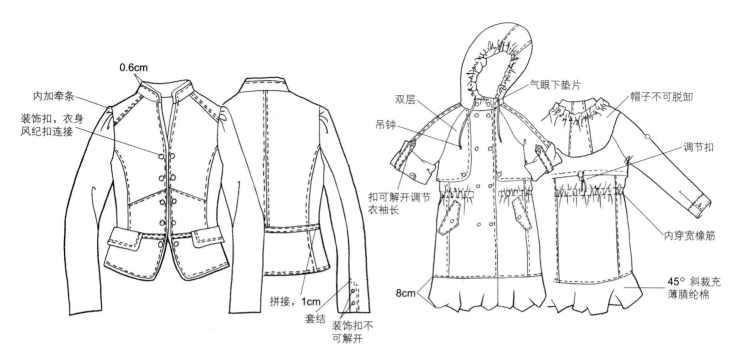

0.6cm

内加牵条

装饰扣，衣身风纪扣连接

拼接，1cm

套结

装饰扣不可解开

图 3-194 女款外套类上衣款式图范例 36

双层

吊钟

扣可解开调节衣袖长

气眼下垫片

帽子不可脱卸

调节扣

内穿宽橡筋

45°斜裁充薄腈纶棉

8cm

图 3-195 女款外套类上衣款式图范例 37

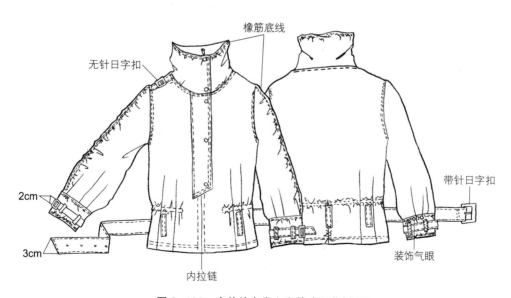

橡筋底线

无针日字扣

2cm

3cm

内拉链

带针日字扣

装饰气眼

图 3-196 女款外套类上衣款式图范例 38

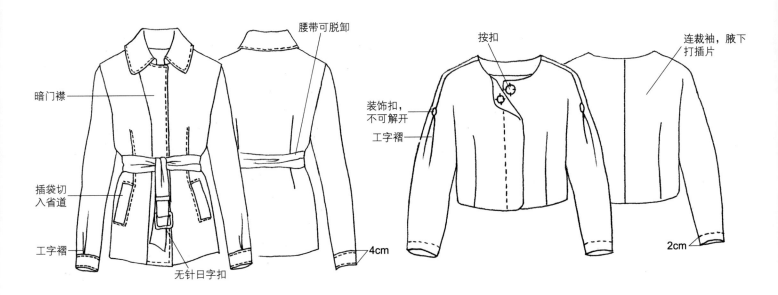

暗门襟

腰带可脱卸

按扣

连裁袖，腋下打插片

插袋切入省道

装饰扣，不可解开

工字褶

工字褶

无针日字扣

4cm

2cm

图 3-197　女款外套类上衣款式图范例 39

图 3-198　女款外套类上衣款式图范例 40

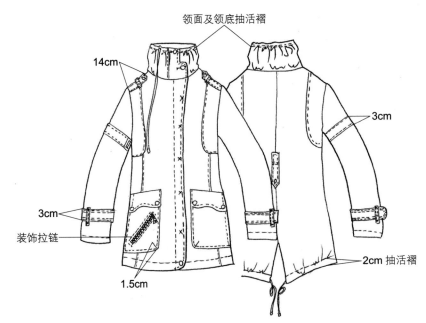

领面及领底抽活褶

14cm

3cm

3cm

装饰拉链

1.5cm

2cm 抽活褶

图 3-199　女款外套类上衣款式图范例 41

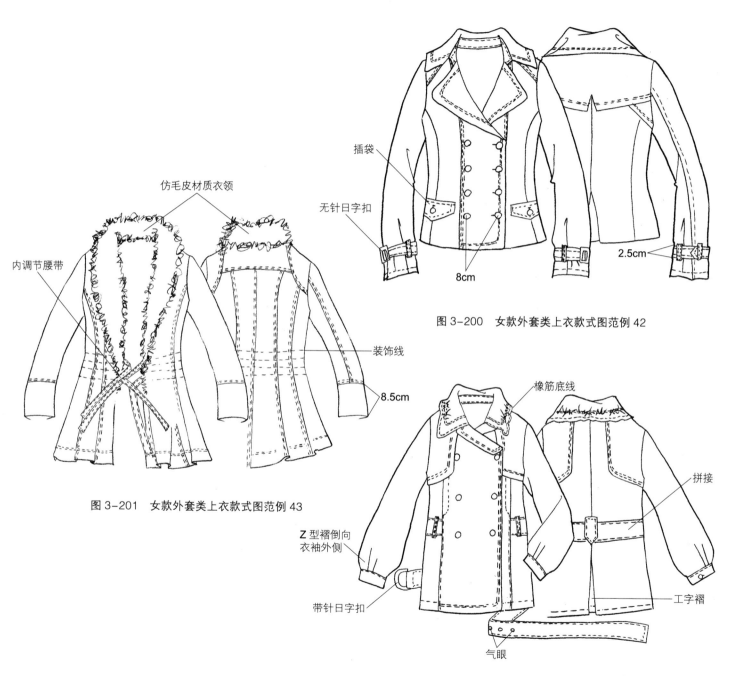

插袋

无针日字扣

8cm

2.5cm

图 3-200　女款外套类上衣款式图范例 42

仿毛皮材质衣领

内调节腰带

装饰线

8.5cm

图 3-201　女款外套类上衣款式图范例 43

橡筋底线

拼接

Z 型褶倒向
衣袖外侧

工字褶

带针日字扣

气眼

图 3-202　女款外套类上衣款式图范例 44

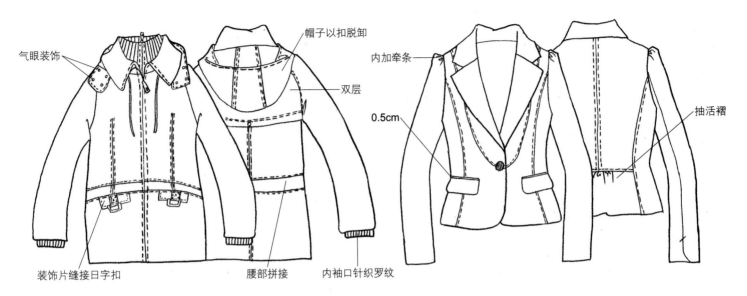

气眼装饰

帽子以扣脱卸

双层

装饰片缝接日字扣　　　腰部拼接　　　内袖口针织罗纹

图 3-203　女款外套类上衣款式图范例 45

内加牵条

0.5cm

抽活褶

图 3-204　女款外套类上衣款式图范例 46

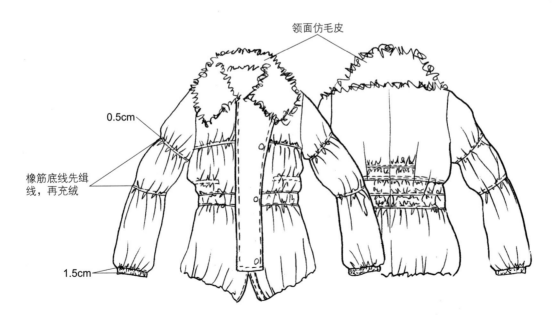

领面仿毛皮

0.5cm

橡筋底线先缉
线，再充绒

1.5cm

图 3-205　女款外套类上衣款式图范例 47

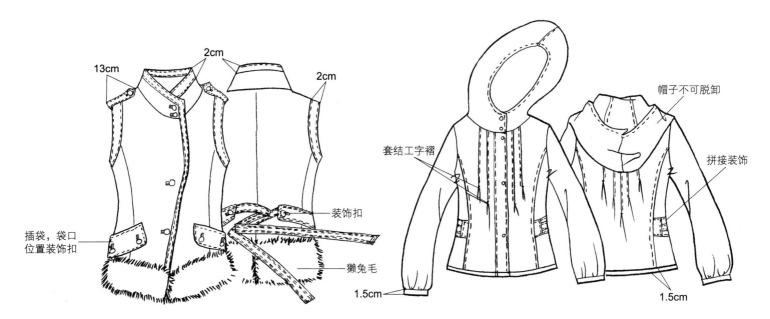

2cm
13cm
2cm
插袋，袋口
位置装饰扣
装饰扣
獭兔毛

图 3-206 女款外套类上衣款式图范例 48

帽子不可脱卸
套结工字褶
拼接装饰
1.5cm
1.5cm

图 3-207 女款外套类上衣款式图范例 49

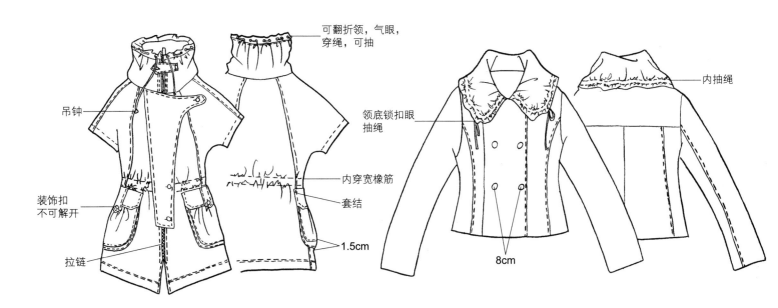

可翻折领，气眼，
穿绳，可抽
吊钟
装饰扣
不可解开
拉链
内穿宽橡筋
套结
1.5cm

图 3-208 女款外套类上衣款式图范例 50

内抽绳
领底锁扣眼
抽绳
8cm

图 3-209 女款外套类上衣款式图范例 51

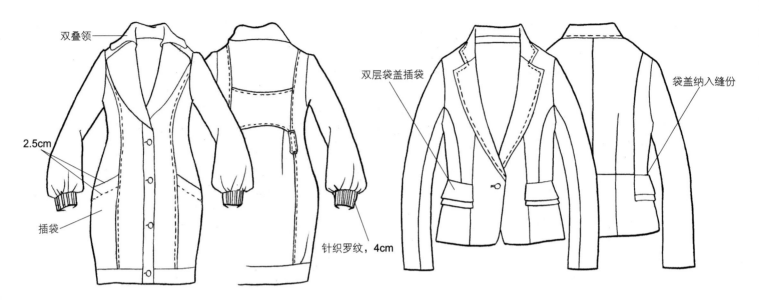

双叠领

2.5cm

插袋

图 3-210 女款外套类上衣款式图范例 52

双层袋盖插袋

袋盖纳入缝份

针织罗纹，4cm

图 3-211 女款外套类上衣款式图范例 53

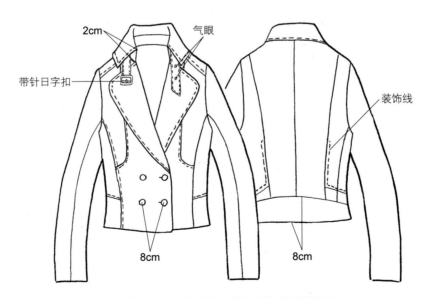

2cm

气眼

带针日字扣

装饰线

8cm

8cm

图 3-212 女款外套类上衣款式图范例 54

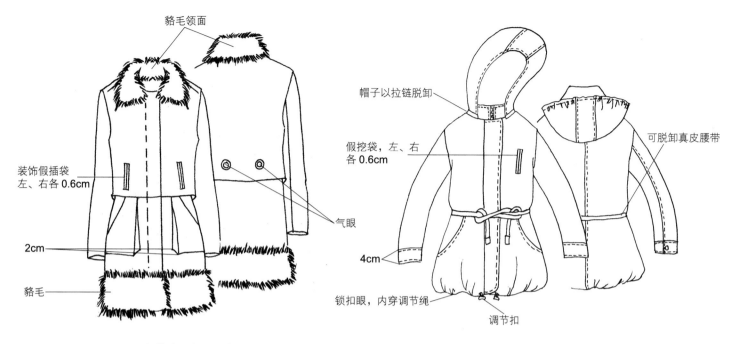

貂毛领面

装饰假插袋
左、右各 0.6cm

2cm

貂毛

气眼

图 3-213 女款外套类上衣款式图范例 55

帽子以拉链脱卸

假挖袋，左、右
各 0.6cm

4cm

锁扣眼，内穿调节绳

调节扣

可脱卸真皮腰带

图 3-214 女款外套类上衣款式图范例 56

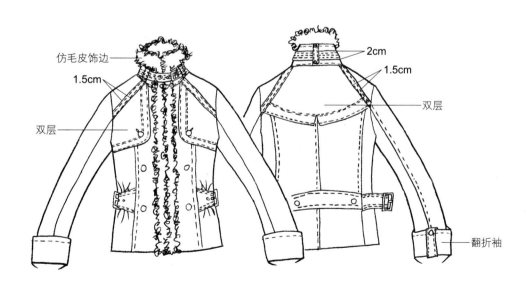

仿毛皮饰边

1.5cm

双层

2cm

1.5cm

双层

翻折袖

图 3-215 女款外套类上衣款式图范例 57

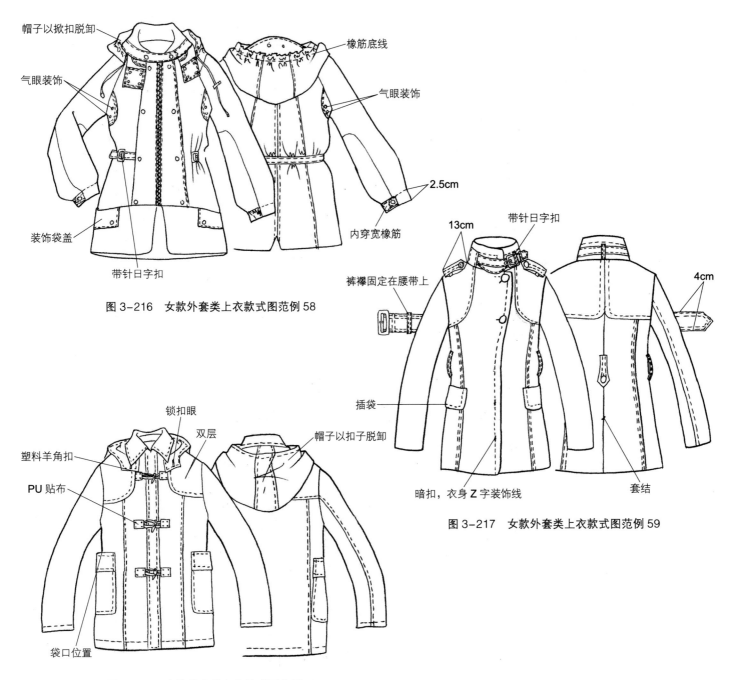

帽子以掀扣脱卸

气眼装饰

装饰袋盖

带针日字扣

橡筋底线

气眼装饰

内穿宽橡筋

2.5cm

图 3-216　女款外套类上衣款式图范例 58

13cm

带针日字扣

裤襻固定在腰带上

插袋

暗扣，衣身 Z 字装饰线

4cm

套结

图 3-217　女款外套类上衣款式图范例 59

锁扣眼

双层

塑料羊角扣

帽子以扣子脱卸

PU 贴布

袋口位置

图 3-218　女款外套类上衣款式图范例 60

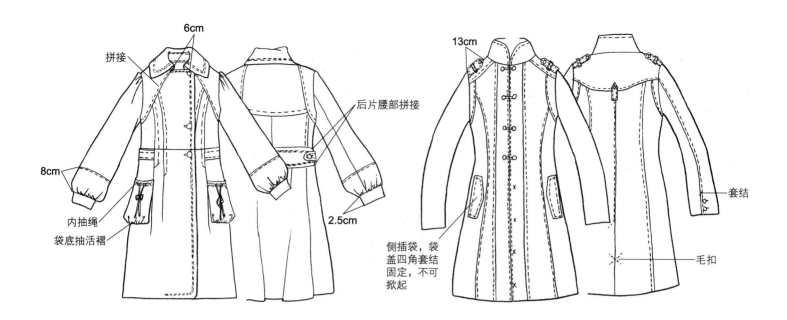

6cm

拼接

后片腰部拼接

8cm

内抽绳

袋底抽活褶

2.5cm

图 3-219　女款外套类上衣款式图范例 61

13cm

侧插袋，袋
盖四角套结
固定，不可
掀起

套结

毛扣

图 3-220　女款外套类上衣款式图范例 62

四合扣

2cm

内穿宽橡筋

图 3-221　女款外套类上衣款式图范例 63

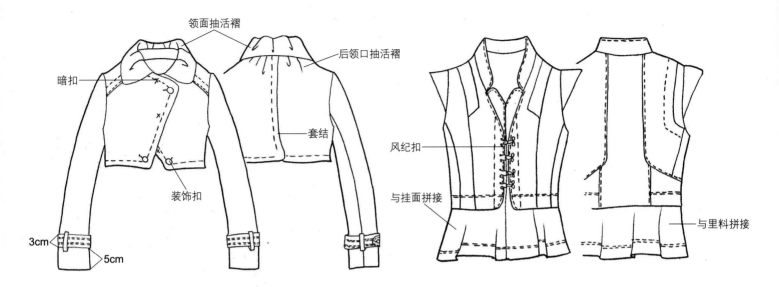

图 3-222　女款外套类上衣款式图范例 64

图 3-223　女款外套类上衣款式图范例 65

图 3-224　女款外套类上衣款式图范例 66

图 3-225　女款外套类上衣款式图范例 67

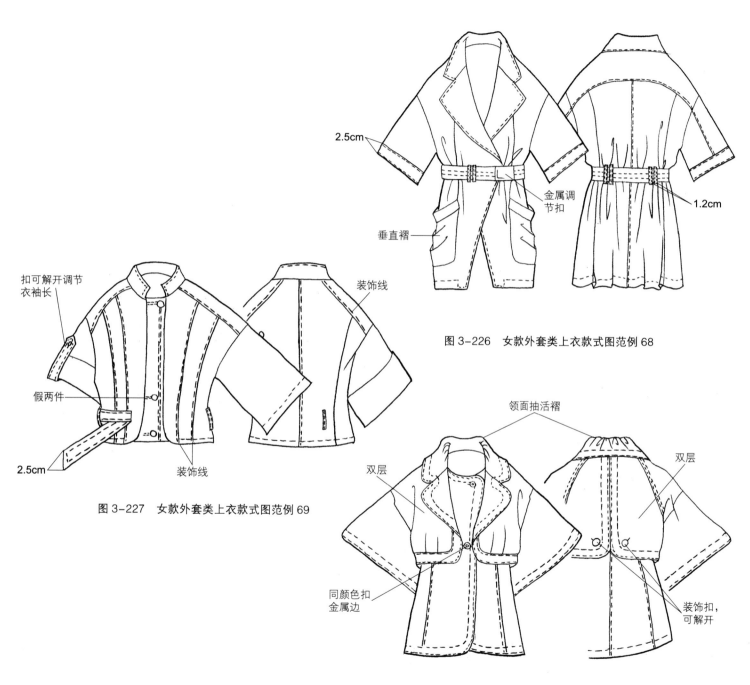

2.5cm

金属调
节扣

1.2cm

垂直褶

图 3-226　女款外套类上衣款式图范例 68

扣可解开调节
衣袖长

装饰线

假两件

2.5cm

装饰线

图 3-227　女款外套类上衣款式图范例 69

领面抽活褶

双层

双层

同颜色扣
金属边

装饰扣，
可解开

图 3-228　女款外套类上衣款式图范例 70

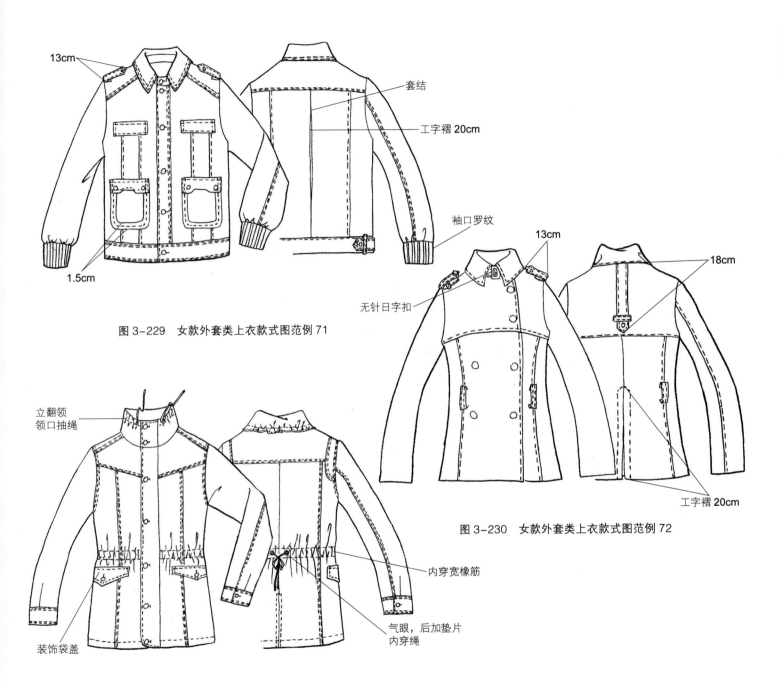

13cm

1.5cm

图 3-229　女款外套类上衣款式图范例 71

套结

工字褶 20cm

袖口罗纹

13cm

18cm

无针日字扣

工字褶 20cm

图 3-230　女款外套类上衣款式图范例 72

立翻领
领口抽绳

内穿宽橡筋

气眼，后加垫片
内穿绳

装饰袋盖

图 3-231　女款外套类上衣款式图范例 73

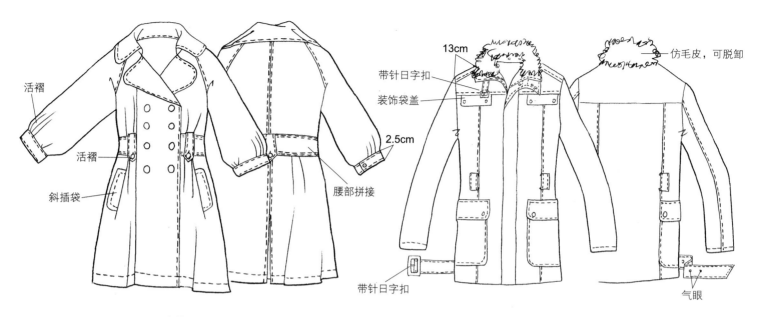

活褶

活褶

斜插袋

2.5cm

腰部拼接

图 3-232　女款外套类上衣款式图范例 74

13cm

带针日字扣

装饰袋盖

带针日字扣

仿毛皮，可脱卸

气眼

图 3-233　女款外套类上衣款式图范例 75

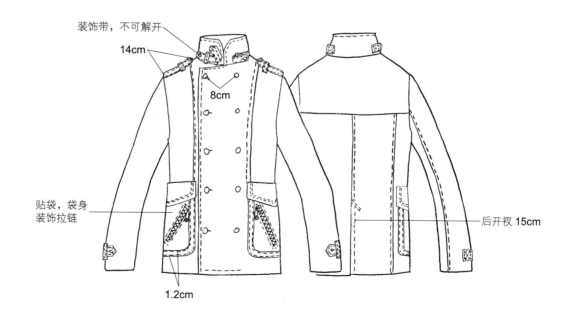

装饰带，不可解开

14cm

8cm

贴袋，袋身
装饰拉链

后开衩 15cm

1.2cm

图 3-234　女款外套类上衣款式图范例 76

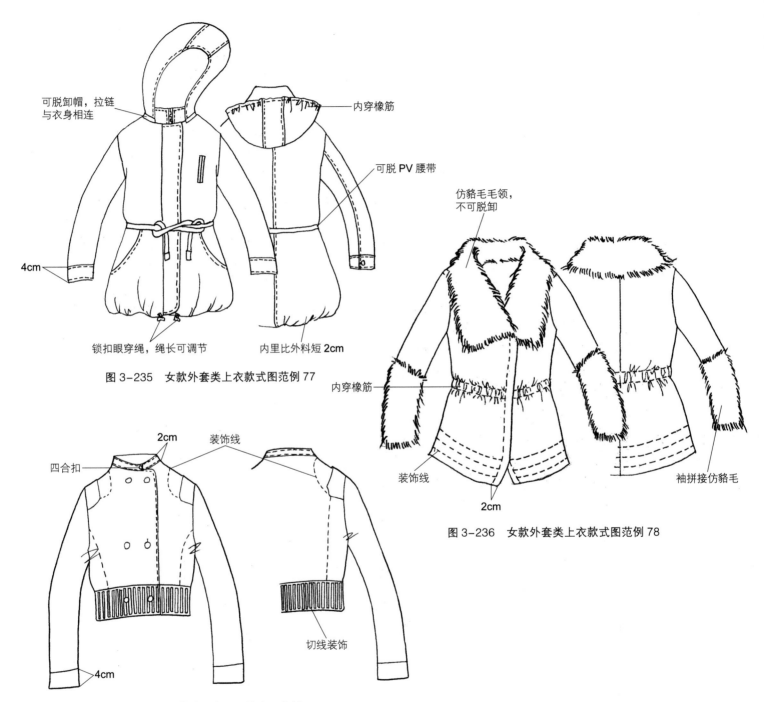

可脱卸帽，拉链
与衣身相连

内穿橡筋

可脱 PV 腰带

仿貉毛毛领，
不可脱卸

4cm

内穿橡筋

锁扣眼穿绳，绳长可调节

内里比外料短 2cm

装饰线

2cm

袖拼接仿貉毛

图 3-235　女款外套类上衣款式图范例 77

图 3-236　女款外套类上衣款式图范例 78

2cm

装饰线

四合扣

切线装饰

4cm

图 3-237　女款外套类上衣款式图范例 79

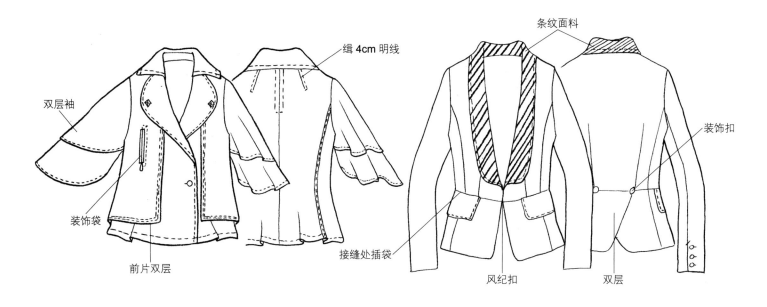

双层袖

缉 4cm 明线

装饰袋

前片双层

条纹面料

装饰扣

风纪扣

双层

接缝处插袋

图 3-238　女款外套类上衣款式图范例 80

图 3-239　女款外套类上衣款式图范例 81

领面仿毛皮

前腰带可调节

后腰带不可调节

带针日字扣

气眼

缝隙夹毛皮条

图 3-240　女款外套类上衣款式图范例 82

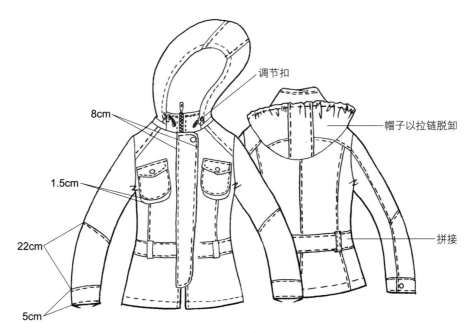

8cm
调节扣
帽子以拉链脱卸
1.5cm
22cm
拼接
5cm

图 3-241 女款外套类上衣款式图范例 83

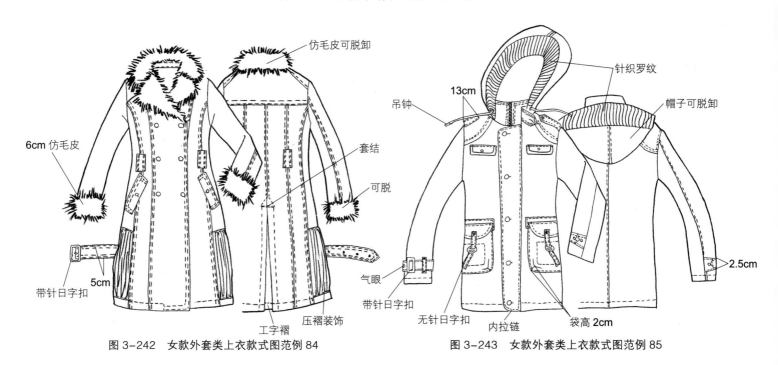

仿毛皮可脱卸
6cm 仿毛皮
套结
可脱
带针日字扣
5cm
工字褶
压褶装饰

图 3-242 女款外套类上衣款式图范例 84

13cm
针织罗纹
吊钟
帽子可脱卸
气眼
带针日字扣
无针日字扣
内拉链
袋高 2cm
2.5cm

图 3-243 女款外套类上衣款式图范例 85

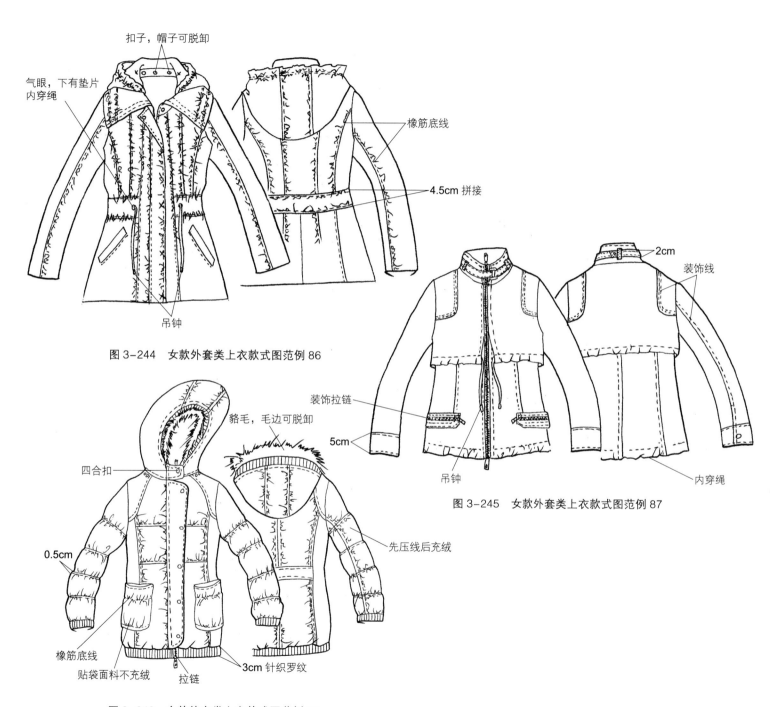

扣子，帽子可脱卸

气眼，下有垫片
内穿绳

橡筋底线

4.5cm 拼接

吊钟

图 3-244　女款外套类上衣款式图范例 86

2cm

装饰线

装饰拉链

5cm

吊钟

内穿绳

图 3-245　女款外套类上衣款式图范例 87

四合扣

貂毛，毛边可脱卸

0.5cm

先压线后充绒

橡筋底线

贴袋面料不充绒　　拉链

3cm 针织罗纹

图 3-246　女款外套类上衣款式图范例 88

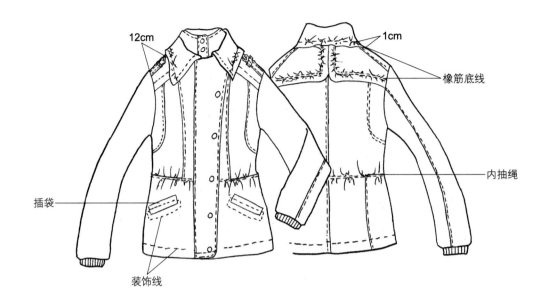

12cm

1cm

橡筋底线

内抽绳

插袋

装饰线

图 3-247　女款外套类上衣款式图范例 89

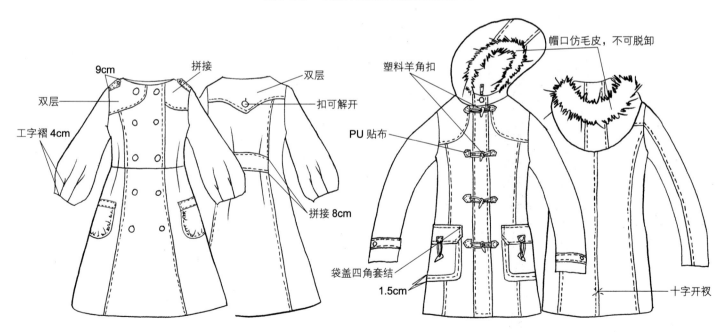

9cm

拼接

双层

双层

扣可解开

工字褶 4cm

拼接 8cm

帽口仿毛皮，不可脱卸

塑料羊角扣

PU 贴布

袋盖四角套结

1.5cm

十字开衩

图 3-248　女款外套类上衣款式图范例 90

图 3-249　女款外套类上衣款式图范例 91

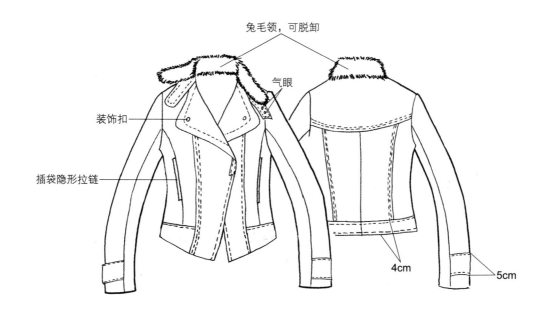

兔毛领，可脱卸

气眼

装饰扣

插袋隐形拉链

4cm

5cm

图 3-250 女款外套类上衣款式图范例 92

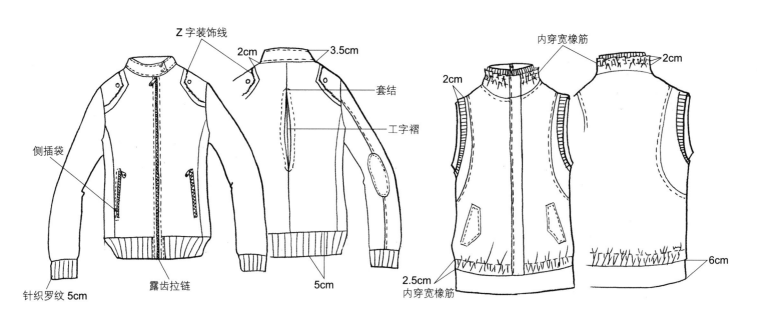

Z 字装饰线

2cm 3.5cm

套结

工字褶

侧插袋

针织罗纹 5cm

露齿拉链

5cm

内穿宽橡筋

2cm 2cm

2.5cm
内穿宽橡筋

6cm

图 3-251 女款外套类上衣款式图范例 93　　　　图 3-252 女款外套类上衣款式图范例 94

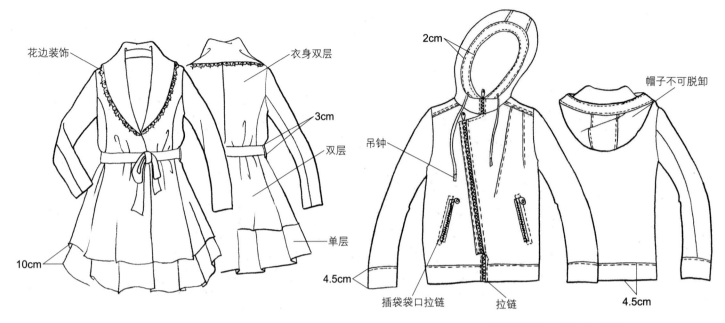

花边装饰

衣身双层

3cm

双层

单层

10cm

图 3-253　女款外套类上衣款式图范例 95

2cm

帽子不可脱卸

吊钟

4.5cm

插袋袋口拉链

拉链

4.5cm

图 3-254　女款外套类上衣款式图范例 96

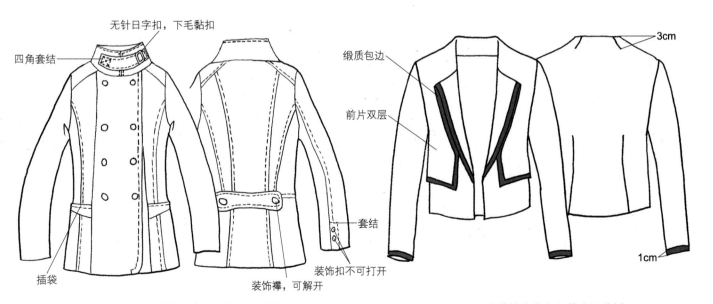

无针日字扣，下毛黏扣

四角套结

插袋

套结

装饰扣不可打开

装饰襻，可解开

图 3-255　女款外套类上衣款式图范例 97

缎质包边

3cm

前片双层

1cm

图 3-256　女款外套类上衣款式图范例 98

2. 男款外套类上衣款式图范例（图 3-257~ 图 3-292）

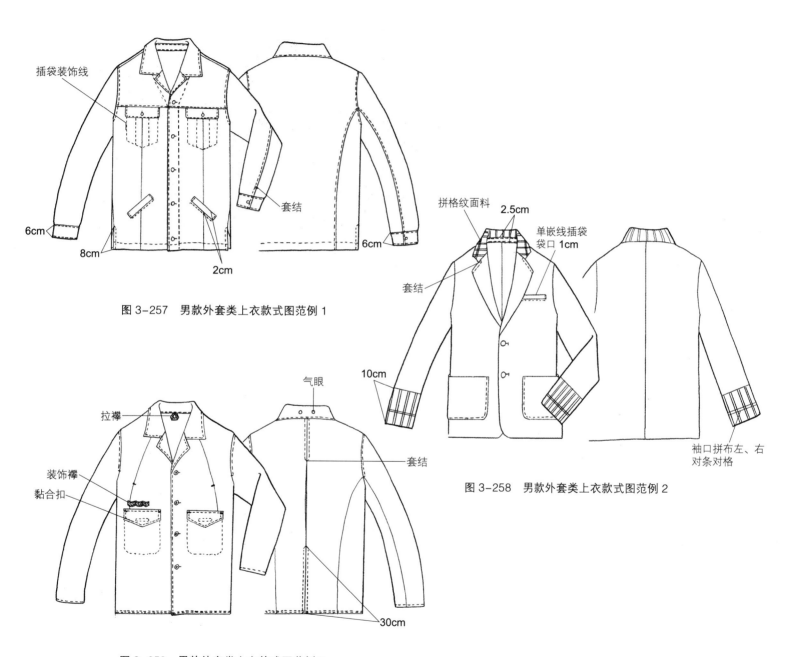

图 3-257 男款外套类上衣款式图范例 1

图 3-258 男款外套类上衣款式图范例 2

图 3-259 男款外套类上衣款式图范例 3

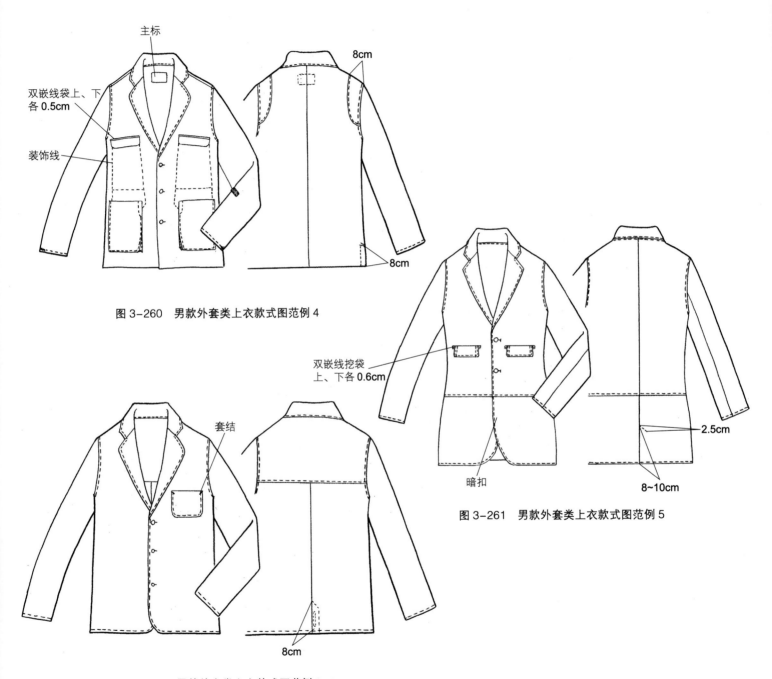

主标

双嵌线袋上、下各 0.5cm

装饰线

8cm

8cm

图 3-260　男款外套类上衣款式图范例 4

双嵌线挖袋
上、下各 0.6cm

暗扣

2.5cm

8~10cm

图 3-261　男款外套类上衣款式图范例 5

套结

8cm

图 3-262　男款外套类上衣款式图范例 6

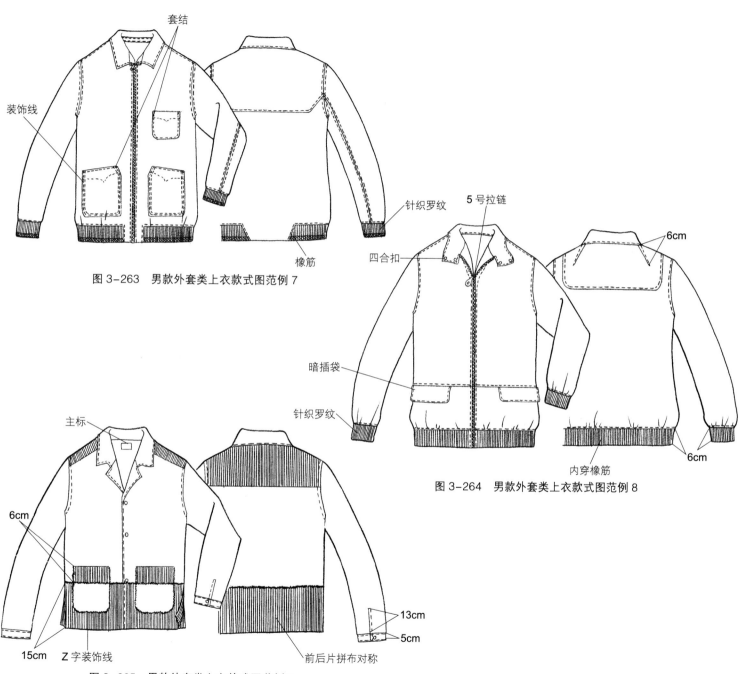

套结

装饰线

图 3-263　男款外套类上衣款式图范例 7

针织罗纹

橡筋

5 号拉链

四合扣

6cm

暗插袋

针织罗纹

内穿橡筋

6cm

图 3-264　男款外套类上衣款式图范例 8

主标

6cm

15cm　　Z 字装饰线

13cm

5cm

前后片拼布对称

图 3-265　男款外套类上衣款式图范例 9

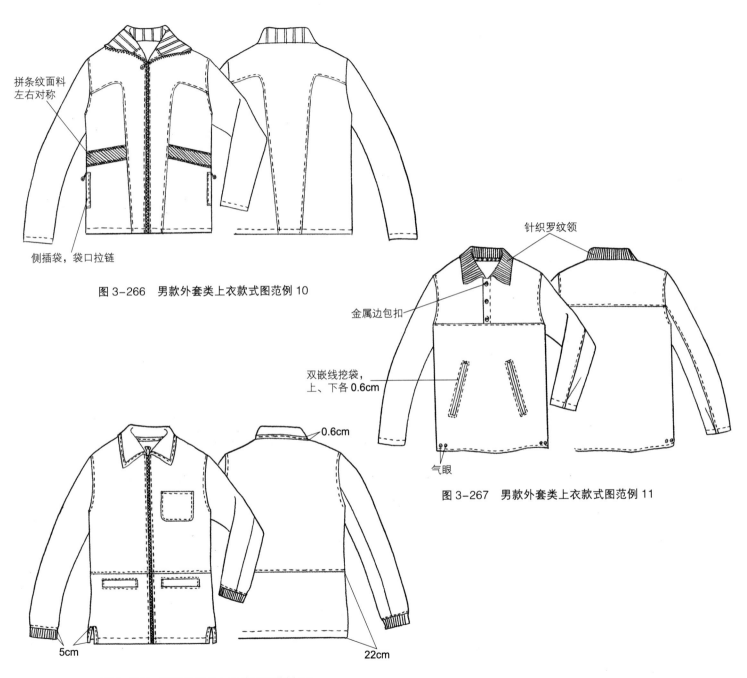

拼条纹面料
左右对称

侧插袋，袋口拉链

图 3-266　男款外套类上衣款式图范例 10

针织罗纹领

金属边包扣

双嵌线挖袋，
上、下各 0.6cm

气眼

图 3-267　男款外套类上衣款式图范例 11

0.6cm

5cm

22cm

图 3-268　男款外套类上衣款式图范例 12

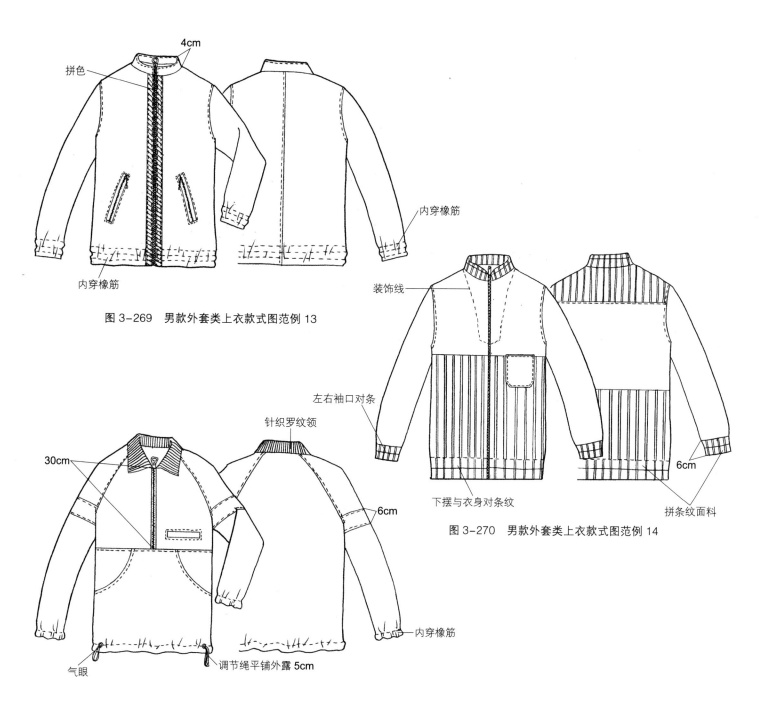

图 3-269 男款外套类上衣款式图范例 13

图 3-270 男款外套类上衣款式图范例 14

图 3-271 男款外套类上衣款式图范例 15

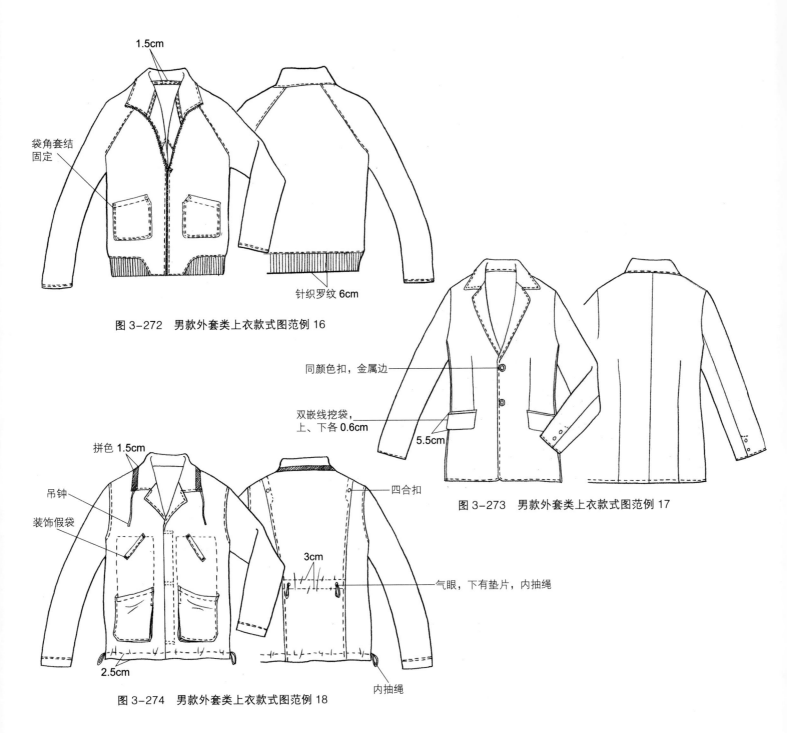

1.5cm

袋角套结
固定

针织罗纹 6cm

图 3-272　男款外套类上衣款式图范例 16

同颜色扣，金属边

双嵌线挖袋，
上、下各 0.6cm

5.5cm

图 3-273　男款外套类上衣款式图范例 17

拼色 1.5cm

吊钟

装饰假袋

四合扣

3cm

气眼，下有垫片，内抽绳

2.5cm

内抽绳

图 3-274　男款外套类上衣款式图范例 18

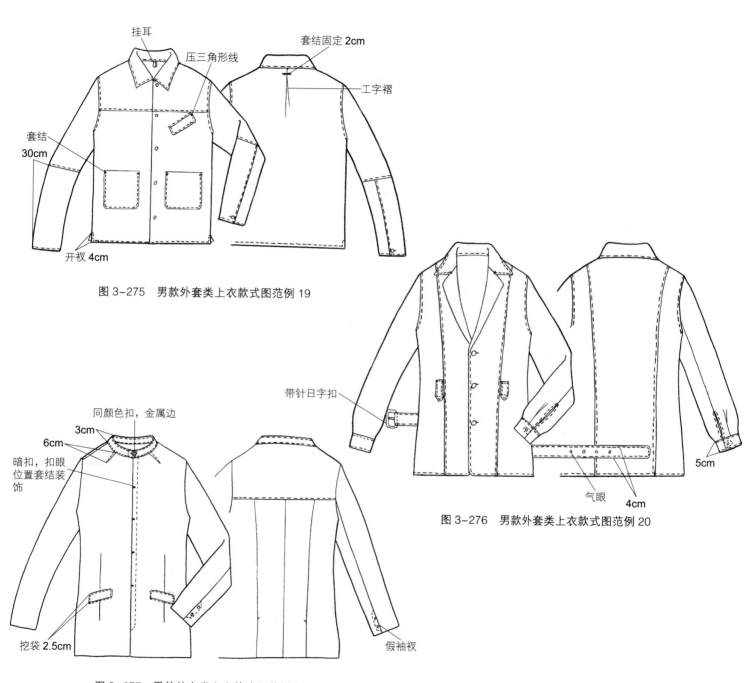

挂耳

压三角形线

套结固定 2cm

工字褶

套结

30cm

开衩 4cm

图 3-275　男款外套类上衣款式图范例 19

带针日字扣

气眼

4cm

5cm

图 3-276　男款外套类上衣款式图范例 20

同颜色扣，金属边

3cm

6cm

暗扣，扣眼位置套结装饰

挖袋 2.5cm

假袖衩

图 3-277　男款外套类上衣款式图范例 21

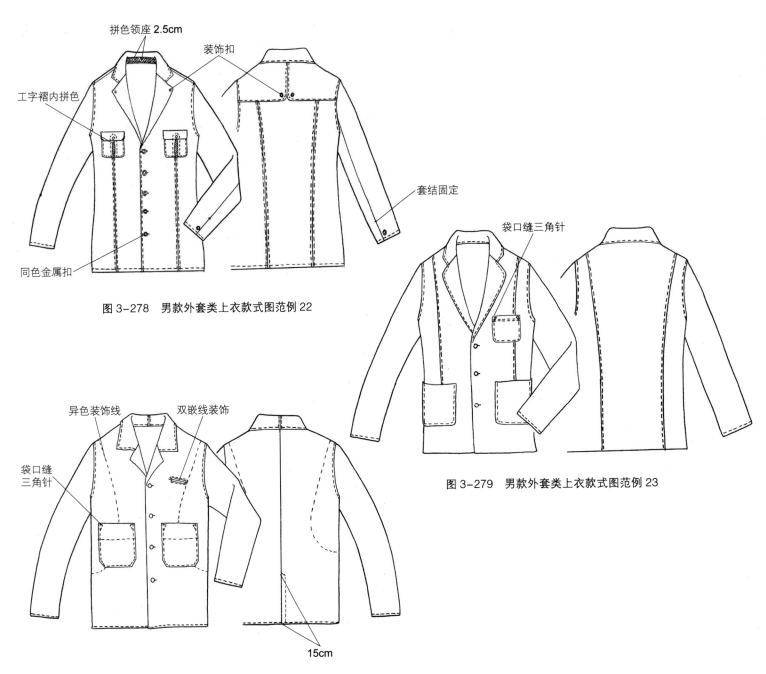

拼色领座 2.5cm

装饰扣

工字褶内拼色

套结固定

同色金属扣

图 3-278　男款外套类上衣款式图范例 22

袋口缝三角针

图 3-279　男款外套类上衣款式图范例 23

异色装饰线

双嵌线装饰

袋口缝
三角针

15cm

图 3-280　男款外套类上衣款式图范例 24

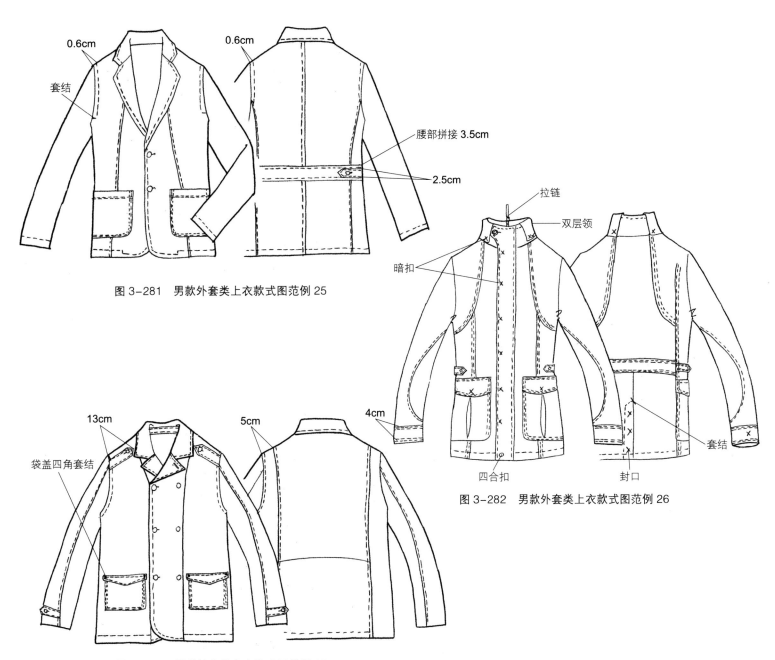

图 3-281　男款外套类上衣款式图范例 25

图 3-282　男款外套类上衣款式图范例 26

图 3-283　男款外套类上衣款式图范例 27

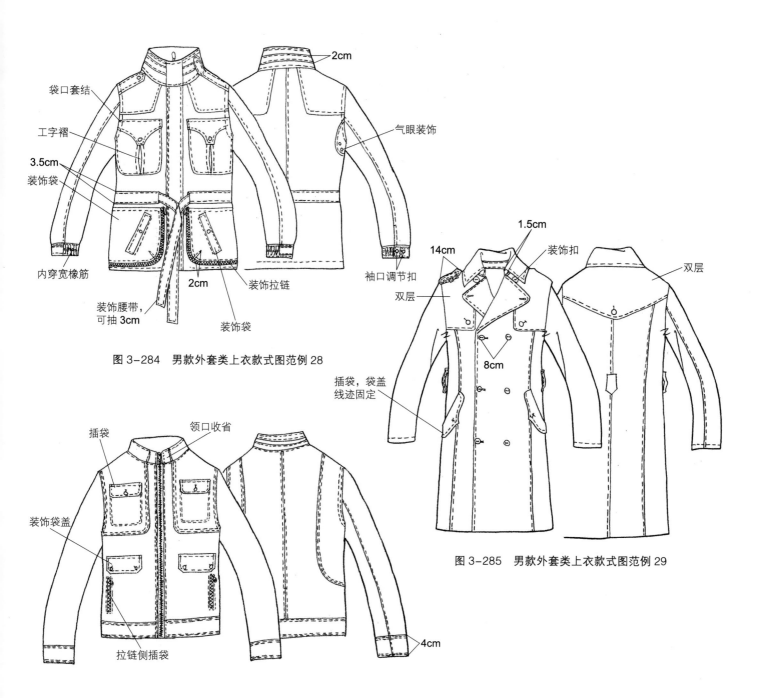

袋口套结

工字褶

3.5cm

装饰袋

内穿宽橡筋

装饰腰带，
可抽3cm

装饰袋

2cm

装饰拉链

2cm

气眼装饰

袖口调节扣

图 3-284　男款外套类上衣款式图范例 28

1.5cm

14cm

双层

装饰扣

双层

插袋，袋盖
线迹固定

8cm

图 3-285　男款外套类上衣款式图范例 29

插袋

领口收省

装饰袋盖

拉链侧插袋

4cm

图 3-286　男款外套类上衣款式图范例 30

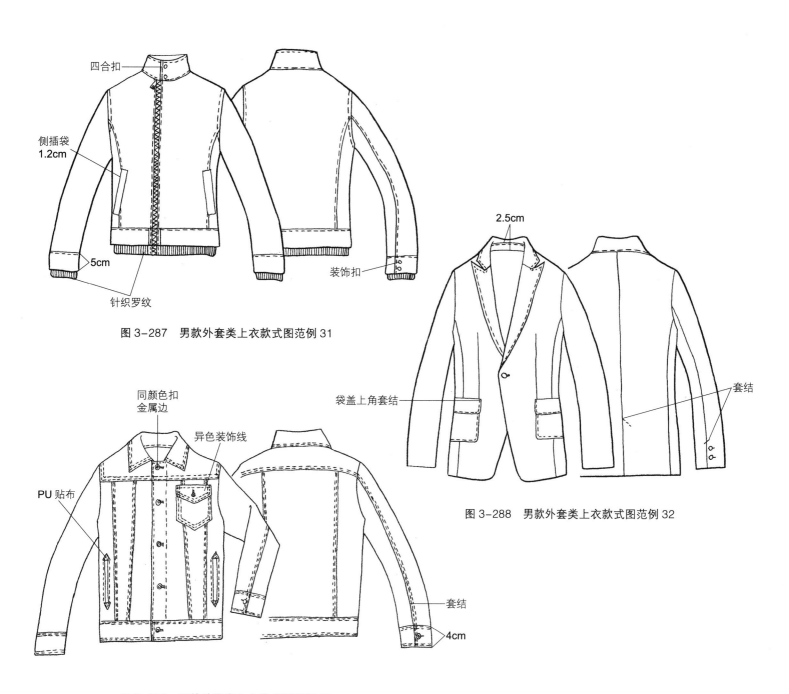

四合扣

侧插袋
1.2cm

5cm

针织罗纹

装饰扣

图 3-287 男款外套类上衣款式图范例 31

2.5cm

袋盖上角套结

套结

图 3-288 男款外套类上衣款式图范例 32

同颜色扣
金属边

异色装饰线

PU 贴布

套结

4cm

图 3-289 男款外套类上衣款式图范例 33

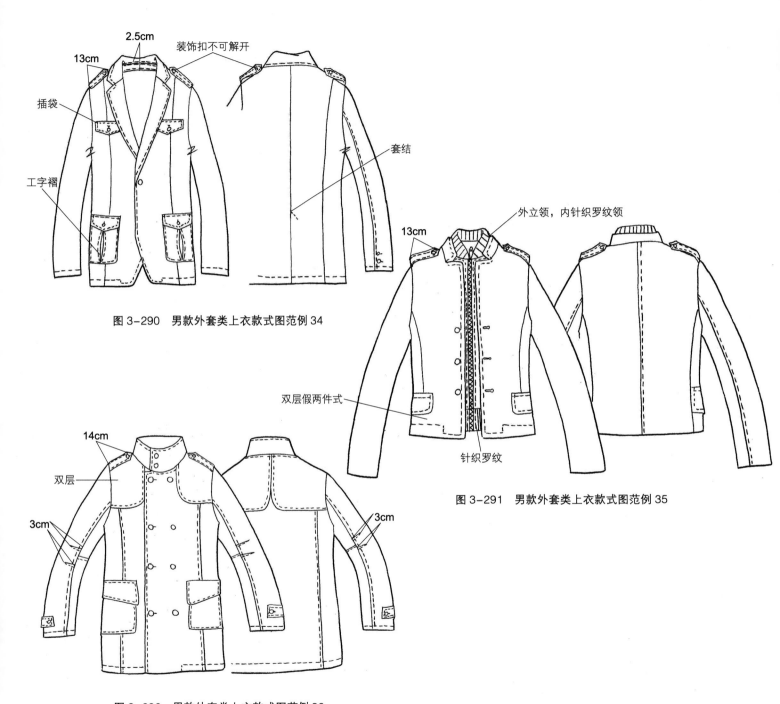

2.5cm
13cm
装饰扣不可解开
插袋
工字褶
套结

图 3-290　男款外套类上衣款式图范例 34

外立领，内针织罗纹领
13cm
双层假两件式
针织罗纹

图 3-291　男款外套类上衣款式图范例 35

14cm
双层
3cm
3cm

图 3-292　男款外套类上衣款式图范例 36

（三）针织类服装款式图范例

所谓针织是指利用织针把各种原料和品种的纱线构成线圈，再经串套连接成针织物的工艺过程。针织类服装即以针织物为原材料制成的服装。针织类服装可以由针织面料裁剪、缝制而成，也可以按照款式的需要，借助机器或手工以纱线织成线圈，完成单独的服装衣片，再将它们缝制成服装。不同的线圈构成手法会形成不同的面料表面肌理效果，这也是针织服装的款式图绘制需要表现出的特殊之处（图 3-293~图 3-319）。

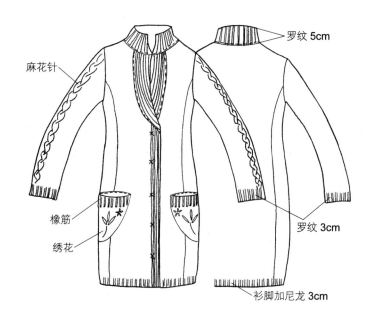

图 3-293　针织类服装款式图范例 1

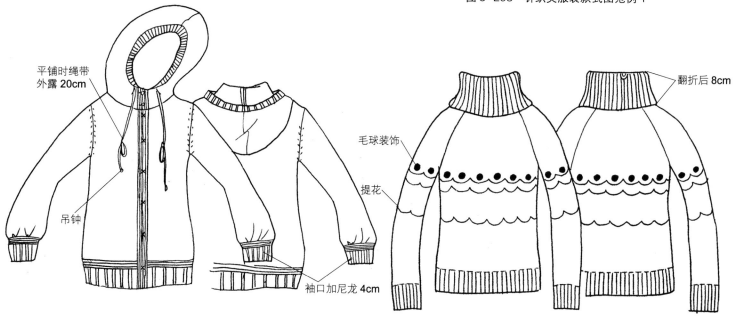

图 3-294　针织类服装款式图范例 2　　　　图 3-295　针织类服装款式图范例 3

101

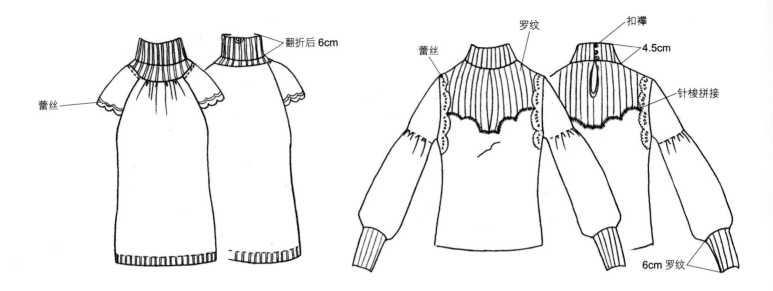

蕾丝

翻折后 6cm

罗纹

蕾丝

扣襻

4.5cm

针梭拼接

6cm 罗纹

图 3-296　针织类服装款式图范例 4

图 3-297　针织类服装款式图范例 5

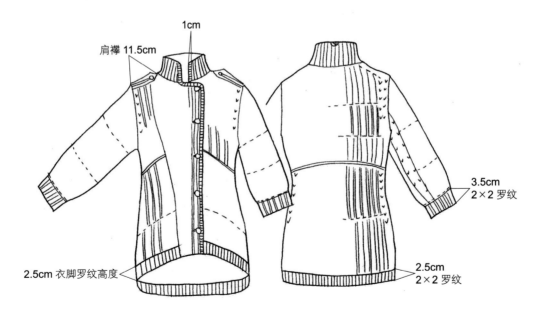

肩襻 11.5cm

1cm

2.5cm 衣脚罗纹高度

3.5cm
2×2 罗纹

2.5cm
2×2 罗纹

图 3-298　针织类服装款式图范例 6

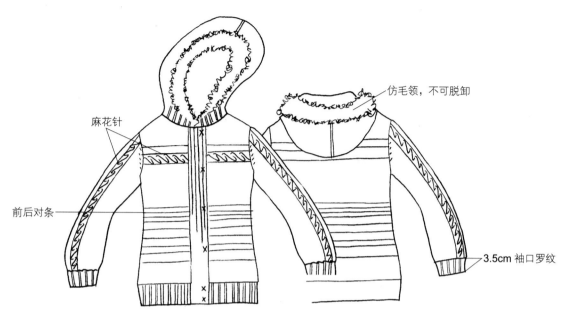

麻花针

前后对条

仿毛领，不可脱卸

3.5cm 袖口罗纹

图 3-299　针织类服装款式图范例 7

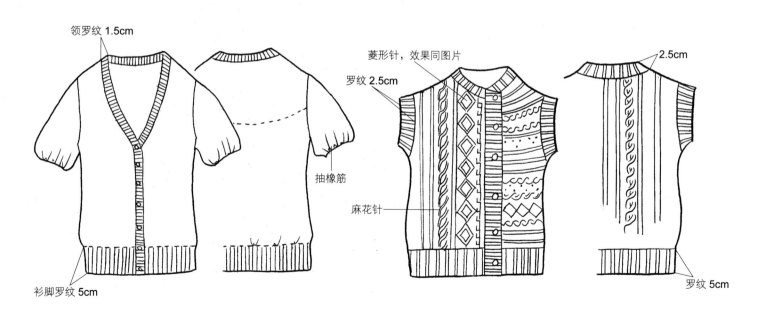

领罗纹 1.5cm

抽橡筋

衫脚罗纹 5cm

图 3-300　针织类服装款式图范例 8

菱形针，效果同图片

罗纹 2.5cm

麻花针

2.5cm

罗纹 5cm

图 3-301　针织类服装款式图范例 9

103

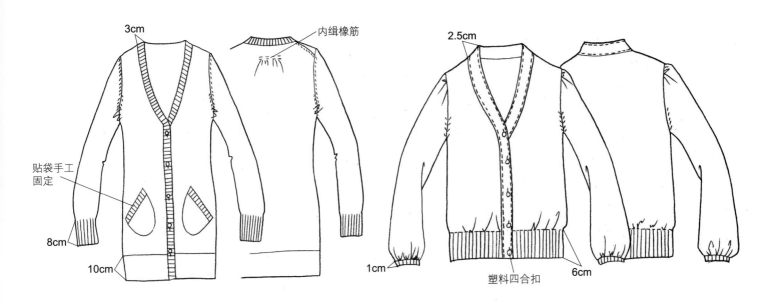

图 3-302　针织类服装款式图范例 10

图 3-303　针织类服装款式图范例 11

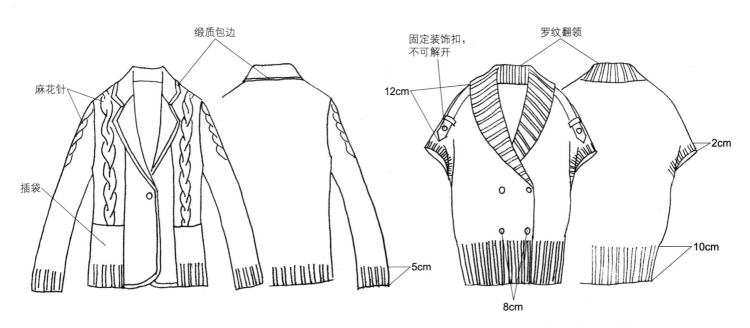

图 3-304　针织类服装款式图范例 12

图 3-305　针织类服装款式图范例 13

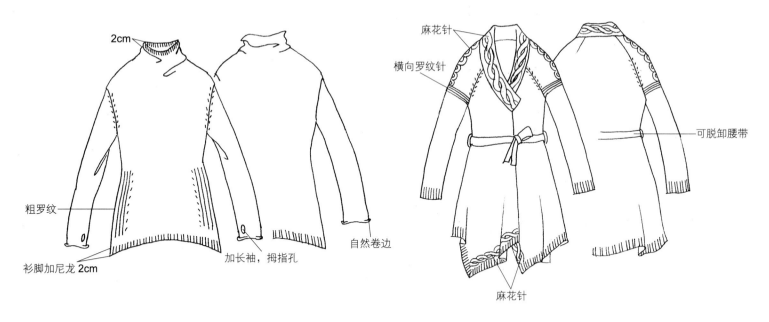

2cm

粗罗纹

衫脚加尼龙 2cm

加长袖，拇指孔

自然卷边

图 3-306　针织类服装款式图范例 14

麻花针

横向罗纹针

可脱卸腰带

麻花针

图 3-307　针织类服装款式图范例 15

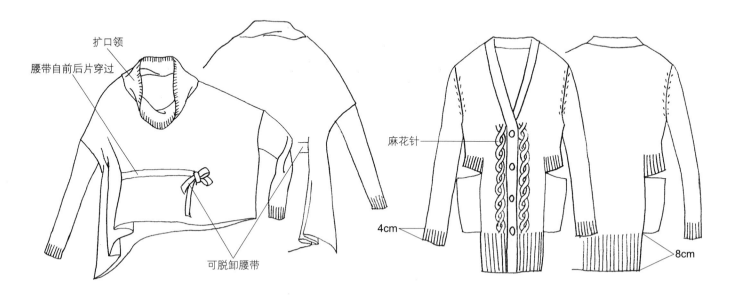

扩口领

腰带自前后片穿过

可脱卸腰带

图 3-308　针织类服装款式图范例 16

麻花针

4cm

8cm

图 3-309　针织类服装款式图范例 17

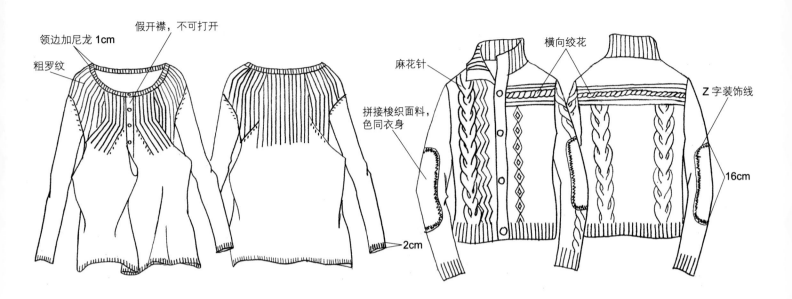

领边加尼龙 1cm

假开襟，不可打开

粗罗纹

麻花针

横向绞花

Z 字装饰线

拼接梭织面料，
色同衣身

16cm

2cm

图 3-310　针织类服装款式图范例 18

图 3-311　针织类服装款式图范例 19

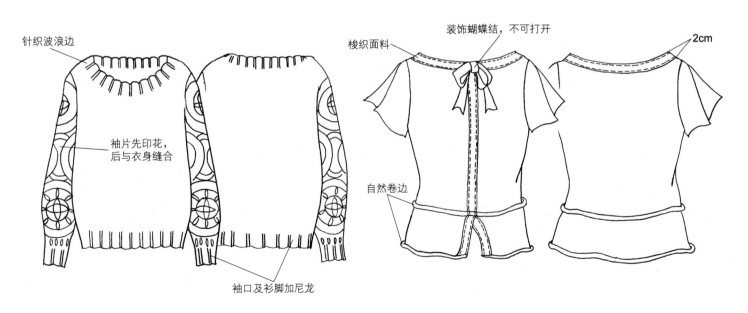

针织波浪边

装饰蝴蝶结，不可打开

梭织面料

2cm

袖片先印花，
后与衣身缝合

自然卷边

袖口及衫脚加尼龙

图 3-312　针织类服装款式图范例 20

图 3-313　针织类服装款式图范例 21

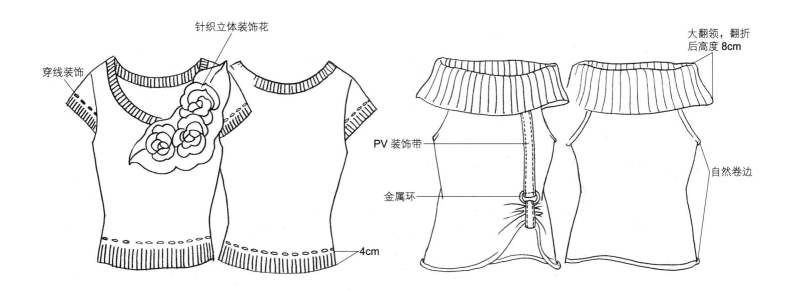

针织立体装饰花

穿线装饰

4cm

图 3-314 针织类服装款式图范例 22

大翻领，翻折后高度 8cm

PV 装饰带

金属环

自然卷边

图 3-315 针织类服装款式图范例 23

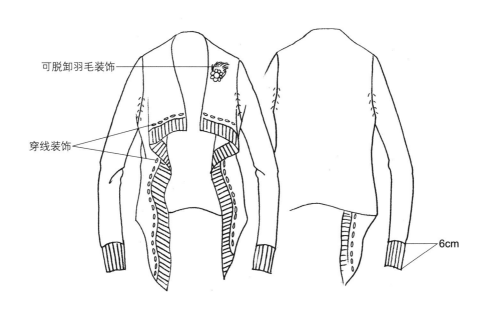

可脱卸羽毛装饰

穿线装饰

6cm

图 3-316 针织类服装款式图范例 24

107

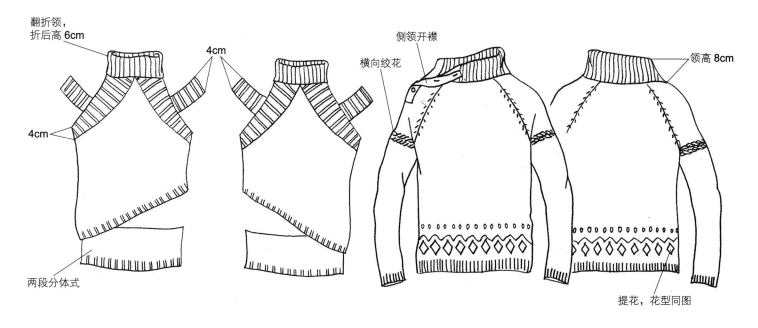

翻折领,
折后高 6cm

4cm

4cm

两段分体式

图 3-317　针织类服装款式图范例 25

侧领开襟

横向绞花

领高 8cm

提花,花型同图

图 3-318　针织类服装款式图范例 26

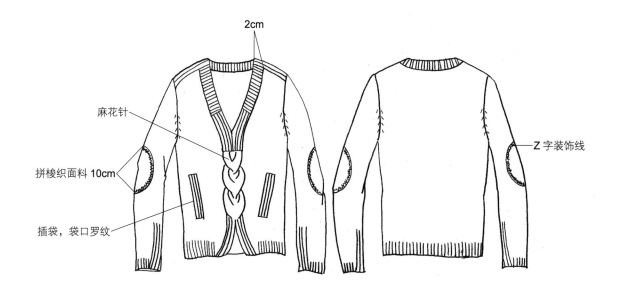

2cm

麻花针

拼梭织面料 10cm

插袋,袋口罗纹

Z 字装饰线

图 3-319　针织类服装款式图范例 27

第四节　连身款服装

一、连身款服装款式图绘画步骤（图 3-320、图 3-321）

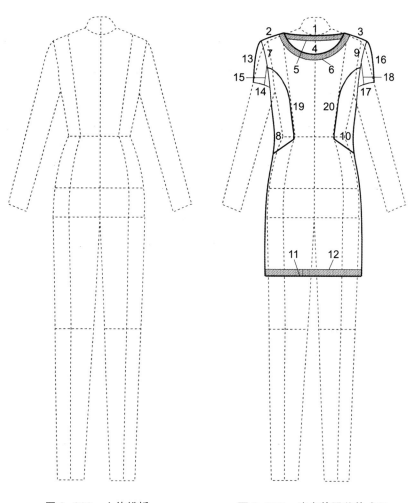

图 3-320　人体模板　　　图 3-321　连身款服装款式图

借助人体模板，

1. 先画出后领围线；

2~3. 依次画出左右两边的肩线；

4. 确定前领圈的深度；

5~6. 依次画好前后领圈宽度及相关细节；

7~8. 画出左袖窿，并按照裙长顺势画出左腰侧线；

9~10. 同样画出右袖窿及右腰侧线；

11~12. 按照款式要求，画裙底边线及相关细节；

13~15. 按顺序画出左袖外侧线及袖底，并画出袖身上的裁剪分割线；

16~18. 同样画出另一边袖子；

19~20. 按款式要求画出裙身左、右省道线。

二、连身款服装款式图范例（图 3-322~ 图 3-343）

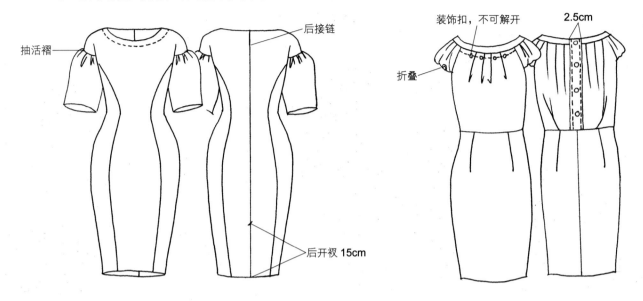

图 3-322　连身款服装款式图范例 1

图 3-323　连身款服装款式图范例 2

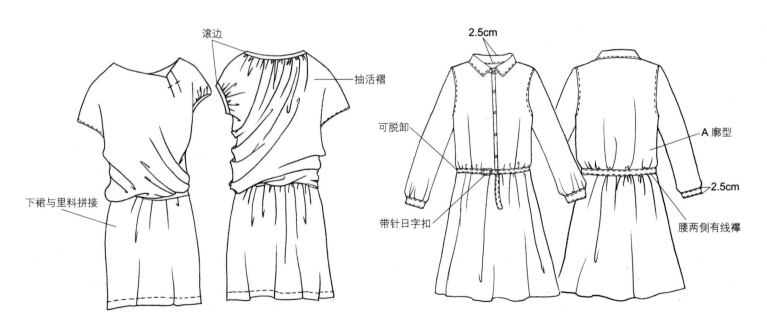

图 3-324　连身款服装款式图范例 3

图 3-325　连身款服装款式图范例 4

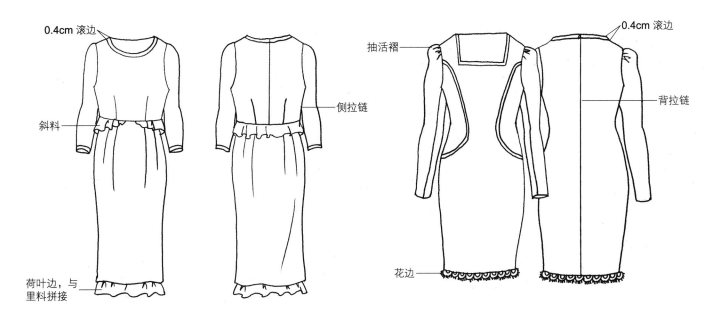

0.4cm 滚边

斜料

荷叶边，与
里料拼接

侧拉链

图 3-326　连身款服装款式图范例 5

0.4cm 滚边

抽活褶

花边

背拉链

图 3-327　连身款服装款式图范例 6

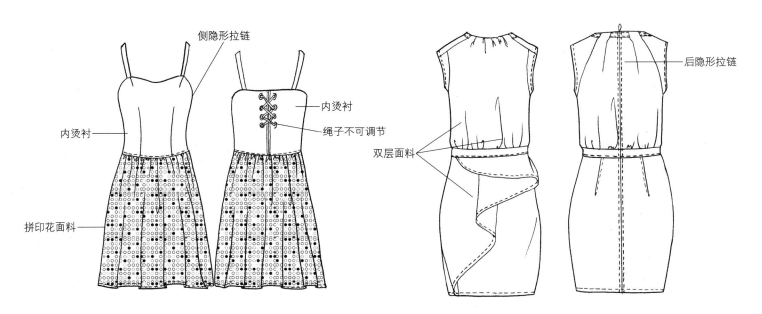

侧隐形拉链

内烫衬

内烫衬

绳子不可调节

拼印花面料

图 3-328　连身款服装款式图范例 7

双层面料

后隐形拉链

图 3-329　连身款服装款式图范例 8

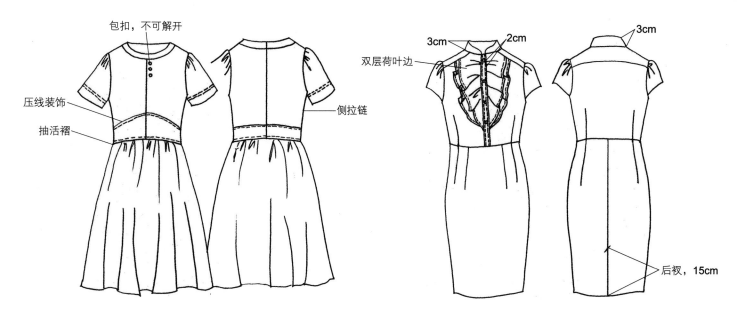

包扣，不可解开

双层荷叶边

压线装饰

抽活褶

侧拉链

3cm　2cm　3cm

后衩，15cm

图 3-330　连身款服装款式图范例 9　　　　图 3-331　连身款服装款式图范例 10

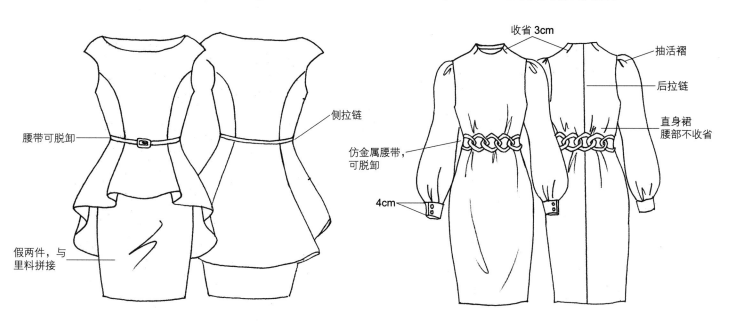

腰带可脱卸

侧拉链

假两件，与里料拼接

收省 3cm

抽活褶

后拉链

直身裙腰部不收省

仿金属腰带，可脱卸

4cm

图 3-332　连身款服装款式图范例 11　　　　图 3-333　连身款服装款式图范例 12

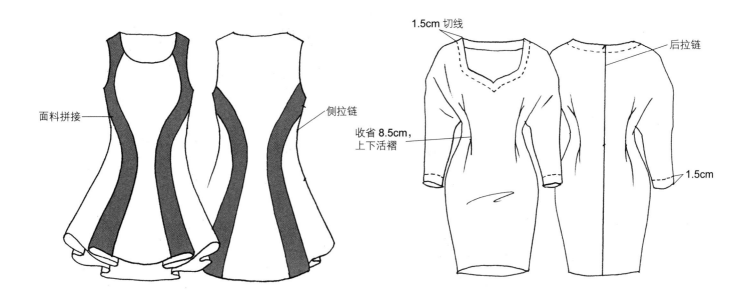

面料拼接

侧拉链

1.5cm 切线

后拉链

收省 8.5cm，
上下活褶

1.5cm

图 3-334　连身款服装款式图范例 13

图 3-335　连身款服装款式图范例 14

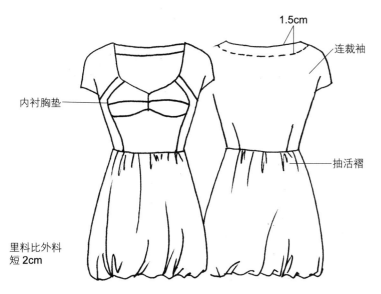

1.5cm

连裁袖

内衬胸垫

抽活褶

里料比外料
短 2cm

亚克力装饰

装饰扣，
上端扣可打开

抽活褶

与里料连接

图 3-336　连身款服装款式图范例 15

图 3-337　连身款服装款式图范例 16

无针日字扣

金属调节扣

异色装饰线

抽活褶

图 3-338　连身款服装款式图范例 17

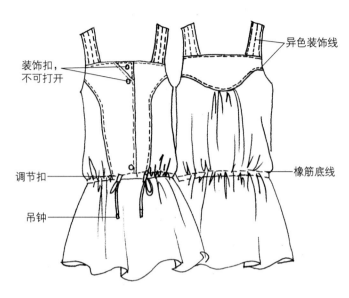

装饰扣，
不可打开

异色装饰线

调节扣

吊钟

橡筋底线

图 3-339　连身款服装款式图范例 18

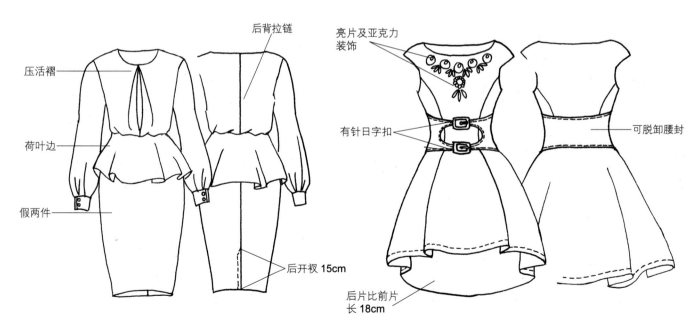

压活褶

荷叶边

假两件

后背拉链

后开衩 15cm

图 3-340　连身款服装款式图范例 19

亮片及亚克力
装饰

有针日字扣

可脱卸腰封

后片比前片
长 18cm

图 3-341　连身款服装款式图范例 20

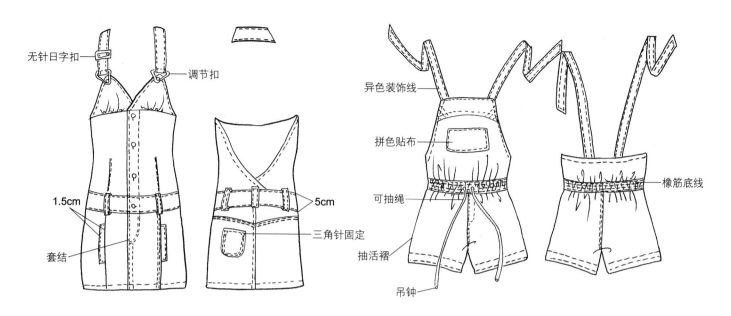

无针日字扣
调节扣
1.5cm
套结
5cm
三角针固定

图 3-342 连身款服装款式图范例 21

异色装饰线
拼色贴布
可抽绳
抽活褶
吊钟
橡筋底线

图 3-343 连身款服装款式图范例 22

第四章

服装工艺制作单

第一节　服装工艺制作单基础要求

服装工艺制作单是在服装生产过程中用以指导生产的单据，一般包含服装款式图，服装的面辅料信息，尺寸信息，配色及配码信息，缝制要求，整烫要求，主标、洗标、侧标及洗唛，包装信息等内容。通过服装工艺制作单，后道工序的生产者可以清晰地了解服装制作细节，按照要求完成服装的生产。

制作服装工艺制作单，要求制作者应具有服装款式图绘画技能，包含服装的正面及背面款式图；对一些特殊工艺的服装部位应能绘制出平面工艺分解效果图；同时，还应熟悉服装生产工艺细节（包括裁剪、工艺、后道、包装），尽量把有特殊工艺的地方详尽说明，常规的部位可以简写，注意措辞严谨。此外，服装工艺制作单内容还需要根据实际的生产需求而有所调整，如外贸服装工艺制作单与内销服装工艺制作单的工艺要求会存在差别等，很多细节都要注意。一般而言，服装工艺制作单可能包含的信息有以下八项内容。

1. 服装款式图

服装款式图提供了服装款式的重要信息，服装工艺制作单上的服装款式图要应包含服装的正面、背面。一些特殊的设计细节，还应在适当的位置画出，便于后道工序的工作人员理解。服装款式图的横宽比例、各细节部位要与样衣相符，不得有出入。

2. 服装的面料信息

面料信息包含面料的成分、用量等，服装不同位置如使用的面料有差异，也应加以说明，详尽填写。面料的货料型号、型号简称、单位、幅宽可根据采购部提供的资料标注，如使用的是库存面料，则可引用以前的资料。

3. 服装的辅料信息

辅料信息的面料成分、用量等要求同面料。此外，辅料还包含纽扣、拉链、绳带等各辅助材料的使用信息。例如，是否需加备纽？备纽是钉在洗唛反面还是需要使用备纽袋？气眼、四合扣的底部是否需要使用相应规格的垫片，如需要，还需要根据面料的材质、厚薄程度确定垫片的种类及材质；绳带类辅料一般需加3%损耗，绳带的毛边需进行处理的还需增加损耗。

4. 尺寸信息

尺寸信息是服装制造的依据，包含服装的号、型两部分的内容：号和型都以厘米为单位，前者指的是服装的纵向尺寸，是设计和制作服装长短的依据；后者指人体的胸围或腰围，是设计和制作服装肥瘦的依据。按照款式的要求，服装工艺制作单中应标注不同尺码的服装号型信息，不同尺码的公差确定要符合款式的要求，不可千篇一律。服装各部位信息应详尽。

5. 配色信息

在这部分内容中需说明大货共做几个色；面料是否有镶色；缝线是否撞色；如印花（字），则注明底色、配色等。

6. 缝制要求

这部分内容包含裁剪要求、缝份要求、针距要求、缝线要求、黏合衬要求、锁眼要求、钉扣及气眼要求、套结要求等。总之，缝制过程中特别注意事项需重点提示。

7. 主标、洗标、侧标及洗唛等缝制位置

不同服装种类其主标、洗标、侧标及洗唛等缝制位置有所不同。如 T 恤类主标一般钉在领后中；裤裙类商标一般单层钉在腰里后中位置；T 恤、衬衣、单风衣类的洗唛夹缝在左侧缝；有夹里的风衣或棉服类的洗唛夹缝在里料左侧缝。

8. 整烫要求

不同面料的服装整烫温度不同，如有的面料可以直接熨烫、有的面料可垫干布熨烫、有的面料则需垫湿布熨烫。此外，棉麻丝绸，对热的耐受能力不同，一些毛绒织物熨烫不可压倒毛绒。这些内容应如实标注。

服装工艺制作单的制作是一个非常烦琐的项目，因服装款式的不同，其内容可按照自身的要求做相应的调整，无须强求一致。

第二节　服装工艺单制作范例

一、男式长裤工艺制作单（表 4-1）

表 4-1　男式长裤工艺制作单

客户：	唛头及位置
款号：	主唛：请见本表图示
厂编：	尺码唛：请见本表图示
款式：男式长裤	洗唛：请见本表图示
面料：	用衬位置
数量（件）：	前腰贴 ×2，后腰贴 ×1，门襟贴 ×1，后开袋位 ×2，后袋嵌线 ×2
货期：	前袋贴 ×2
颜色：浅灰，深蓝	黏衬型号：
码数：32～42	黏衬颜色：白色
	黏合条件：温度：140 ～ 150℃，压力：2 ～ 3kg，时间：10 ～ 15s
	黏合条件（仅供参考）：需让工厂调试无误后，方可大货生产

图示：

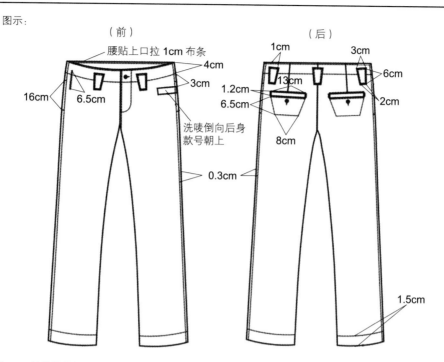

（前）　　　　　　　　　（后）

腰贴上口拉 1cm 布条

4cm

3cm

16cm　6.5cm

洗唛倒向后身
款号朝上

0.3cm

1cm　　3cm

13cm　6cm

1.2cm

6.5cm　　2cm

8cm

1.5cm

注　1. 前袋要平服，左右对称，袋口不可豁开。
2. 后开袋要平服，左右对称，不可豁开。
3. 所有拼缝要顺直，平服。
4. 拼栋缝，内缝，不拉伸，不起吊。
5. 门襟要顺直，平服，拉链处要平服。
6. 腰面里要平服，腰襻左右对称。
7. 拉滚条部位要顺直，平服宽窄一致，滚条宽 0.6cm。
8. 后省要平服，左右对称，省尖不可起酒窝。
9. 撞色线部位：腰里装饰线（三角针），

前片靠侧缝装饰线（三角针），右腰头处 2 个套结，里襟装饰线（平缉）。
10. 浅灰色撞色线为浅紫灰；深蓝色撞色线为橙色。
11. 此款成衣硅油洗，图示所标尺寸均为水洗后尺寸。
12. 黄扣样意见：
　（1）裤襻要与腰垂直，不可歪斜。
　（2）腰头与门襟处要顺直。
　（3）各部位尺寸作准。

小图示：

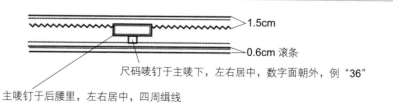

1.5cm

0.6cm 滚条

尺码唛钉于主唛下，左右居中，数字面朝外，例 "36"

主唛钉于后腰里，左右居中，四周缉线

续表

水洗后尺寸							单位：cm
尺寸 部位	公差	32	34	36	38	40	42
裤长（内长）	1	80	82	84	86	88	90
腰头宽	0	4	4	4	4	4	4
前浪长（含腰头宽）	1	22	23	24	25	26	27
后浪长（含腰头宽）	1	34	35	36	37	38	39
腰围（放平弯量）	1.5	78	81	84	87	90	93
臀围（裆底平行9cm）	1.5	96	99	102	105	108	111
腿围（裆下平行2.5cm）	1	58	60	62	64	66	68
中裆	1	41	42.5	44	45.5	47	48.5
脚口	1	37	38.5	40	41.5	43	44.5
门襟开口长（含腰头宽）	0.5	15.5	16	16.5	17	17.5	18
门襟宽	0	4	4	4	4	4	4

水洗前尺寸						单位：cm
经：−1.20%　　纬：−1.60%						
尺寸 部位	32	34	36	38	40	42
裤长（内长）	81.0	83.0	85.0	87.0	89.1	91.1
前浪长（含腰头宽）	22.3	23.3	24.3	25.3	26.3	27.3
后浪长（含腰头宽）	34.4	35.4	36.4	37.4	38.5	39.5
腰围（放平弯量）	78.6	81.6	84.7	87.7	90.7	93.7
臀围（裆底平行9cm）	97.5	100.6	103.6	106.7	109.7	112.8
腿围（裆下平行2.5cm）	58.9	61.0	63.0	65.0	67.1	69.1
中裆	41.7	43.2	44.7	46.2	47.8	49.3
脚口	37.6	39.1	40.6	42.2	43.7	45.2
门襟开口长（含腰头宽）	15.6	16.1	16.6	17.1	17.6	18.1

裁剪要求
（1）松布 24h 后方可开裁，排料需避免色差。分清面布、里布
（2）认真检验进厂的面料，不符合要求的绝不可开裁
（3）根据生产通知单下达的数据、颜色，按色卡提取大货面料，准确开裁，裁剪时要分缸差
（4）排料丝缕要顺直，不可纬斜，拉布上下松紧需一致，层数适中，下刀后的衣片不能走形。刀眼准确、齐全（斜裁保持 45° 正斜）
（5）100% 验片，编号生产
（6）凡是封样的款需封最大码与最小码，有问题请及时与技术部联系
（7）拉布最高厚度：本身布：10cm。里布：5~7cm。斜裁拉布最高厚度：5cm

缝制工艺		
针距：12 针 /1"	拷边针距：12 针 /1"	机针：11 号
清洁车台、调换机针、调和底面线		

位置	工具	止口	
做前袋	三线拷边车		袋口贴与袋垫里口 / 下口回折缉 0.1cm 边线分别与上 / 下层袋布固定。合袋口贴，正面缉 0.1cm 明线，上 / 下层袋布缉 0.6cm 来去缝兜光。上 / 下层袋布侧缝 / 腰口处缉线与大身固定
缉右前片装饰线	三角车		右前片靠侧缝处缉三角针装饰线 1 道（撞色线）
收后省			平车收省，省尖平服，省份倒向后中
开后袋	模具		单嵌线开袋，袋嵌线下口回折缉 0.1cm 边线与上层袋布固定
	三线拷边车		袋下口缉 0.1cm 明线，再缉一道装饰线，袋垫下口回折缉 0.1cm 边线与下层袋布固定，两边缉 0.1cm 边线闭合上 / 下层袋布。袋上口及两头三周缉 0.1cm 明线，袋布上口线与大身腰口固定
合外侧缝	三线拷边车	1cm	缝份分别三线拷边，平车合缝，缝份烫开，两边分别缉 0.3cm 明线
合内侧缝	五线拷边车	1cm	五线拷边合缝，缝份倒向后身
合前后浪	滚边拉筒	1cm	平车合缝（缉双线），缝份拉滚条，倒向穿者左侧，前浪上端空出拉链位，里襟边三线拷边
	三线拷边车		
做腰贴	滚边拉筒		扣烫腰贴下口拉滚条，距上口 1.5cm 处缉一道三角针装饰线（撞色）右前腰拼块与大身合缝，缝份烫开，下端留一个缝位不合
	三角针		装腰贴圆顺，刀眼对齐，腰贴上口拉布条

清洁车台、调换机针、调和底面线			
位置	工具	止口	
装拉链	滚边拉筒		里襟下口暗勾，距外口 2cm 处缉一道撞色装饰线。门/里襟里口拉滚条，里襟底部滚条毛头塞光。装门襟贴连左腰头一起暗勾，正面缉 0.1cm 明线。装里襟拉链，正面缉 0.1cm 明线；装门襟拉链，缉 0.6cm 双线固定于门襟贴上，拉链齿距布边空 0.3cm，门里襟需一致。门襟正面按实样缉 J 形线，缉至腰顶，门/里襟下口滴针固定，前浪缉 0.1cm 明线
缉腰明线			右前腰拼块与里襟合缝连右腰头一起暗勾，同时右腰头固定 1cm 织带，翻向正面腰上口缉 0.1cm 明线与下口 4cm 明线转通
做/钉裤襻			裤襻面/里两边暗勾，翻向正面两边缉 0.1cm 明线。钉裤襻，位置准确，牢固，左右对称
卷脚口		2.5cm	扣烫脚口，回毛内折，卷边宽 1.5cm

针工：（套结线：40/2 金泰　本身布色）
（1）门襟底端打套结，竖打，0.6cm 宽，1 个
（2）前袋上/下口打套结，横打，0.6cm 宽，共 4 个
（3）后开袋两端打套结，竖打，1.2cm 长，共 4 个
（4）裤襻上端打套结 2 个，横打，0.6cm 长，共 10 个
（5）裤襻下端打套结 1 个，横打，2cm 长，共 5 个
（6）右腰头打套结 2 个，竖打，1cm 长（40/2 金泰，撞色细线）

纽门：（纽门线：40/2 金泰　本身布色　门芯线：12/5 金泰　本身布色）
（1）左腰头处横纽门 1 个，圆头眼尾部加套结，眼大请按扣径
（2）后开袋处竖纽门各 1 个，圆头眼尾部加套结，眼大请按扣径（半成品锁）

纽扣：（订纽线：40/2　金泰　纽扣色）
（1）右腰头钉纽扣 1 粒，25L，四孔交叉钉
（2）后袋左右各钉纽扣 1 粒，25L，四孔交叉钉
（3）备纽钉于洗唛靠缝份一边上角空白处，单层钉于英文一面

大烫要求
（1）整烫平服、到位，成衣无皱痕
（2）正面不允许起极光印
（3）严格控制油污、水渍
（4）整烫时注意温度适中，防止面料变色

续表

总检要求
（1）成衣内外无线头、油污，保持整洁
（2）明线顺直，宽窄一致
（3）检验整体外观质量，抽量大货尺寸
包装要求
（1）吊牌用挂绳挂在尺码唛上
（2）折叠包装：折叠方法：左右对折，后片朝上，上下对折 　　　　　　折叠尺寸：55×31cm（36 码）
（3）一条入一胶袋（自封口），60 条入一外箱
（4）挂吊牌位于服装外面，吊牌按折线对折，黑色印有网址面为正面，包装完成后能直接看到条形码，售价
（5）装箱的服装款号、颜色、件数等资料直接填于纸箱侧面的表格中，请用正楷填写
（6）自封口胶袋无须印字需打出气孔，袋口需两条自封口，一条工厂包装用，另一条备用。胶袋要贴胶袋贴，胶袋贴位于胶袋右下角
（7）入箱两头平均放，装箱完成后箱子要平整
（8）用印有公司标示的封箱胶带

款式设备及辅助工具

工段名	机器类型	辅助工具	使用描述
裁剪车间	黏衬机		
缝制车间	三／五线拷边车		
	三角车		
		模具	后开袋
		滚边拉筒	0.6cm 滚条
后道车间	圆头锁眼机		
	钉扣机		
	套结车		

制单人：　　　　　联系方式：　　　　　　　　　　　　　　　制单日：

二、男衬衫工艺制作单（表 4-2）

表 4-2　男衬衫工艺制作单

客户：内销	唛头及位置
款号：	主唛 / 洗唛 / 尺码唛：见本表图示
款式：男式长袖衬衫	用衬位置
数量（件）：	用衬位置：上领面 ×1　下领 ×2　袖克夫面 ×2，左门襟面 ×1
货期：	衬的型号：7656
颜色：白色，灰色	黏合颜色：白色配白色，灰色配黑色
码数：XS/34~XL/42	黏合条件：温度：155~175℃，压力：1.5~2.5kg，时间：12~18s
	特别注意：黏衬温度请调适中，正面不可透胶，起泡
面料：全棉细布	（黏合条件仅供参考，需工厂调试无误后方可生产大货）

水洗后尺寸　　　　　　　　　　　　　　　　　　　　　　　单位：cm

尺寸　　　部位	XS/34	S/36	M/38	L/40	XL/42	公差	
后中衣长（后领深起量）	71	73	75	77	79	1	
前领深	8.6	8.8	9	9.2	9.4	0.2	
后领深（从造型线开始）	1	1	1	1	1	0	
肩宽	44	45	46	47	48	0.5	
胸围（腋下起量）	97	101	105	109	113	1.5	
腰围（肩下 40cm）	90	94	98	102	106	1.5	
下摆围（平量）	97	101	105	109	113	1.5	
袖长	62.6	63.8	65	66.2	67.4	0.5	
袖窿（弯量）	49	50.5	52	53.5	55	1	
袖肥（腋下起量）	38.6	39.8	41	42.2	43.4	0.5	
袖口宽	19	20	21	22	23	0.5	

尺寸 部位	XS/34	S/36	M/38	L/40	XL/42		公差	
水洗后尺寸								单位：cm
袖克夫高	7	7	7	7	7		0	
前胸宽	38	39	40	41	42		0.5	
后背宽	40	41	42	43	44		0.5	
领围扣好大	38	39	40	41	42		0.5	
领角长	7	7	7	7	7		0	
上领后中高	4	4	4	4	4		0	
下领后中高	3.2	3.2	3.2	3.2	3.2		0	
后育克高	7.5	7.5	7.5	7.5	7.5		0	

裁剪要求
（1）松布 24h 后方可开裁，排料需避色差
（2）认真检验进厂的面料，不符合要求的绝不可开裁
（3）根据生产通知单下达的数据、颜色，按色卡提取大货面料，准确开裁，裁剪时要分缸差
（4）排料丝缕要顺直，不可纬斜，拉布上下松紧需一致，层数适中，下刀后的衣片不能走形。刀眼准确、齐全
（5）100% 验片，编号生产
（6）封样请做最大码和最小码，如果发现尺寸有问题请及时与技术部联系
（7）拉布最高厚度：10cm

图示：

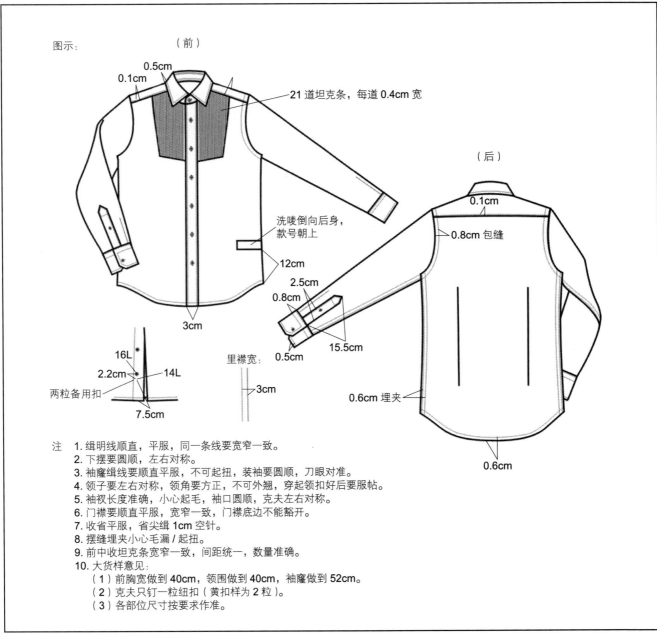

（前）

0.5cm

0.1cm

21 道坦克条，每道 0.4cm 宽

（后）

0.1cm

0.8cm 包缝

洗唛倒向后身，
款号朝上

12cm

2.5cm

0.8cm

3cm

15.5cm

0.5cm

16L

2.2cm   14L

0.6cm 埋夹

两粒备用扣

7.5cm

里襟宽：

3cm

0.6cm

注 1. 缉明线顺直，平服，同一条线要宽窄一致。
    2. 下摆要圆顺，左右对称。
    3. 袖窿缉线要顺直平服，不可起扭，装袖要圆顺，刀眼对准。
    4. 领子要左右对称，领角要方正，不可外翘，穿起领扣好后要服帖。
    5. 袖衩长度准确，小心起毛，袖口圆顺，克夫左右对称。
    6. 门襟要顺直平服，宽窄一致，门襟底边不能豁开。
    7. 收省平服，省尖缉 1cm 空针。
    8. 摆缝埋夹小心毛漏 / 起扭。
    9. 前中收坦克条宽窄一致，间距统一，数量准确。
    10. 大货样意见：
       （1）前胸宽做到 40cm，领围做到 40cm，袖窿做到 52cm。
       （2）克夫只钉一粒纽扣（黄扣样为 2 粒）。
       （3）各部位尺寸按要求作准。

制单人：   联系方式：   制单日：

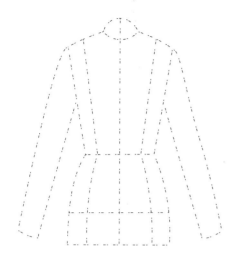
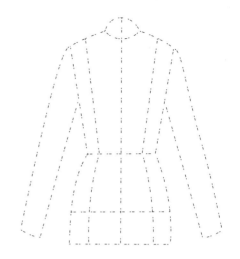
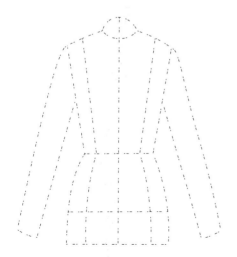
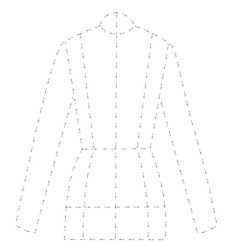

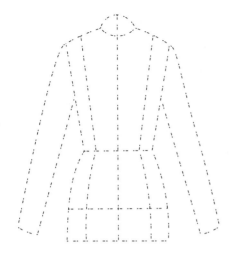
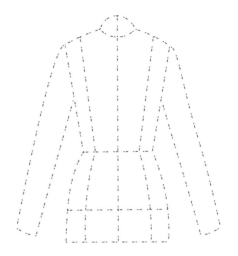
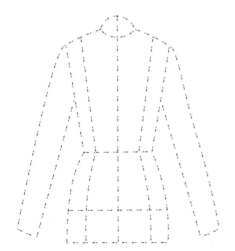

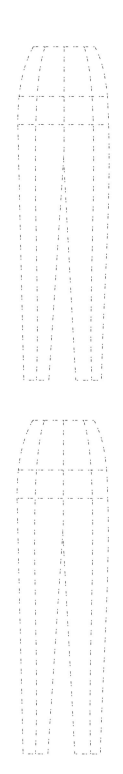
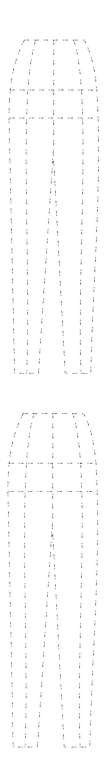

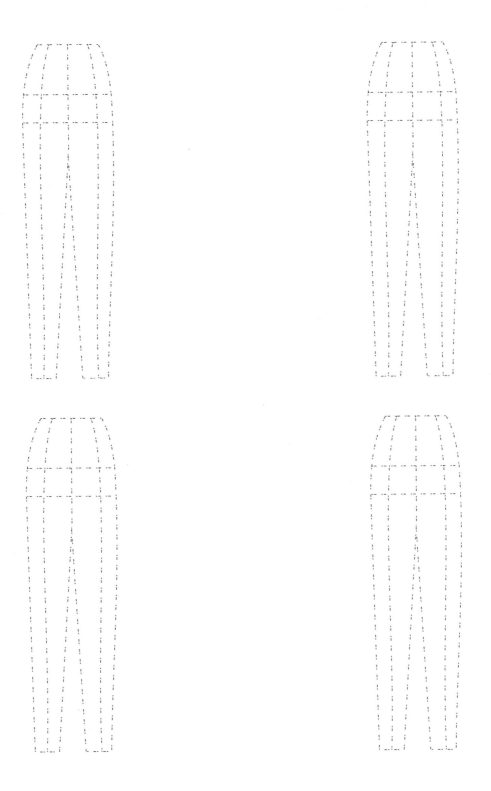

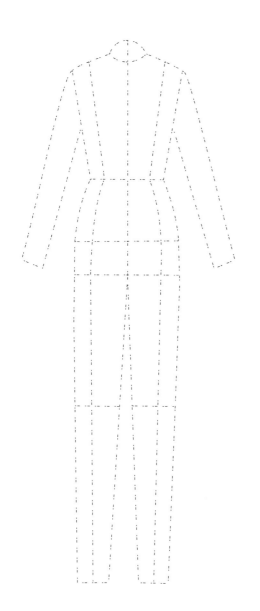
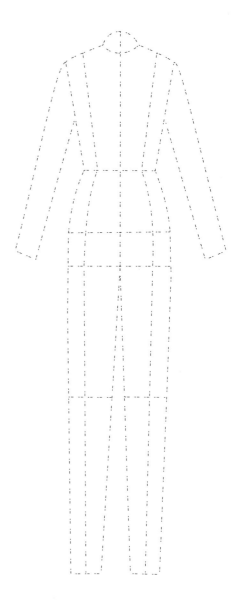

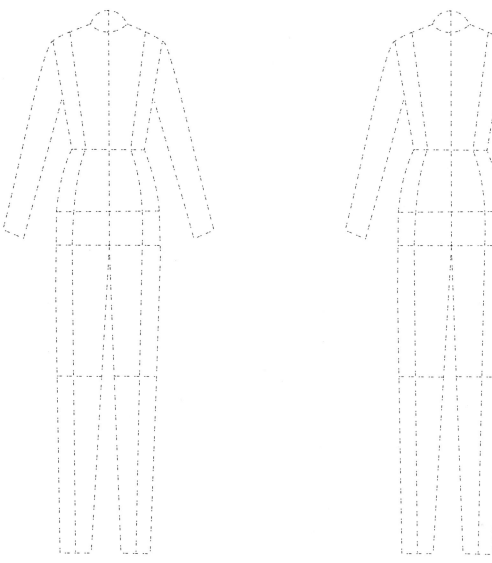
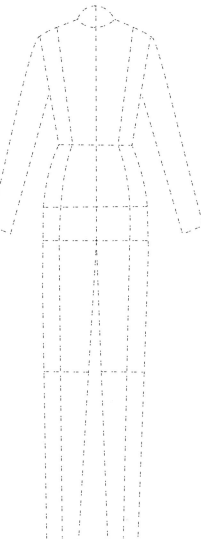

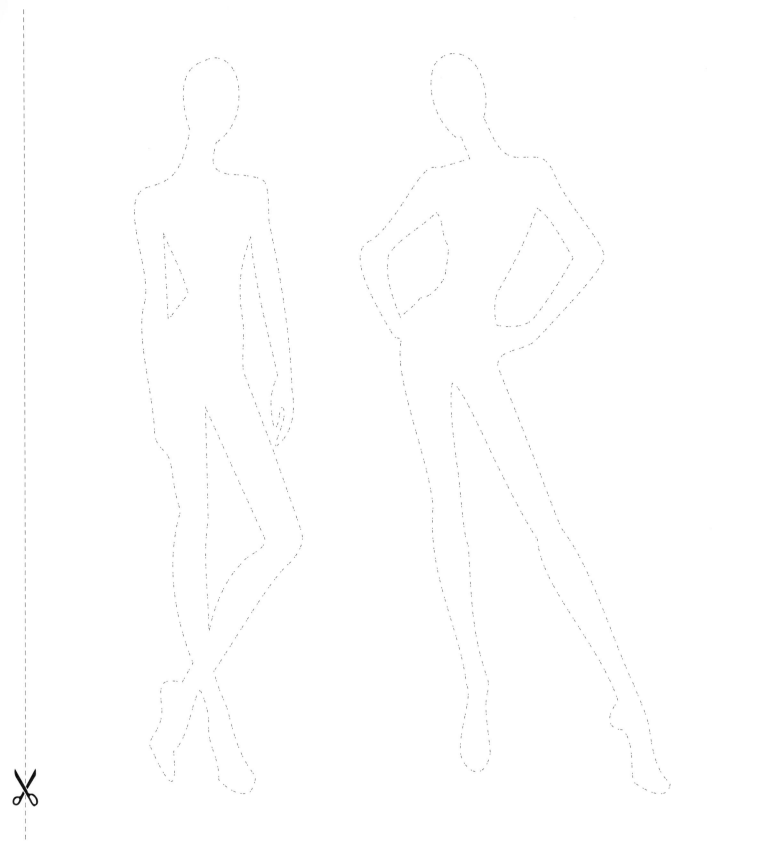

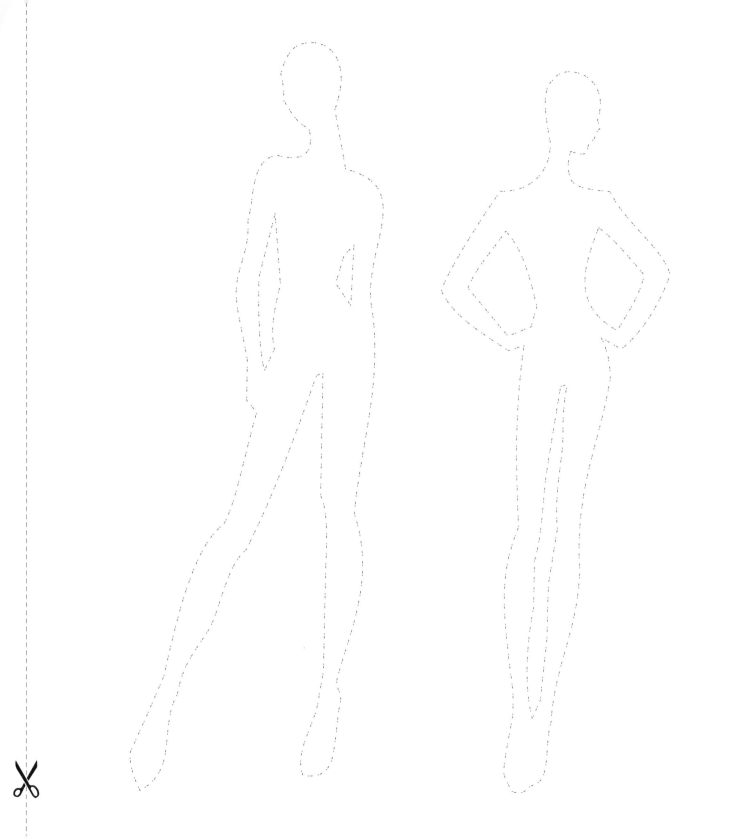

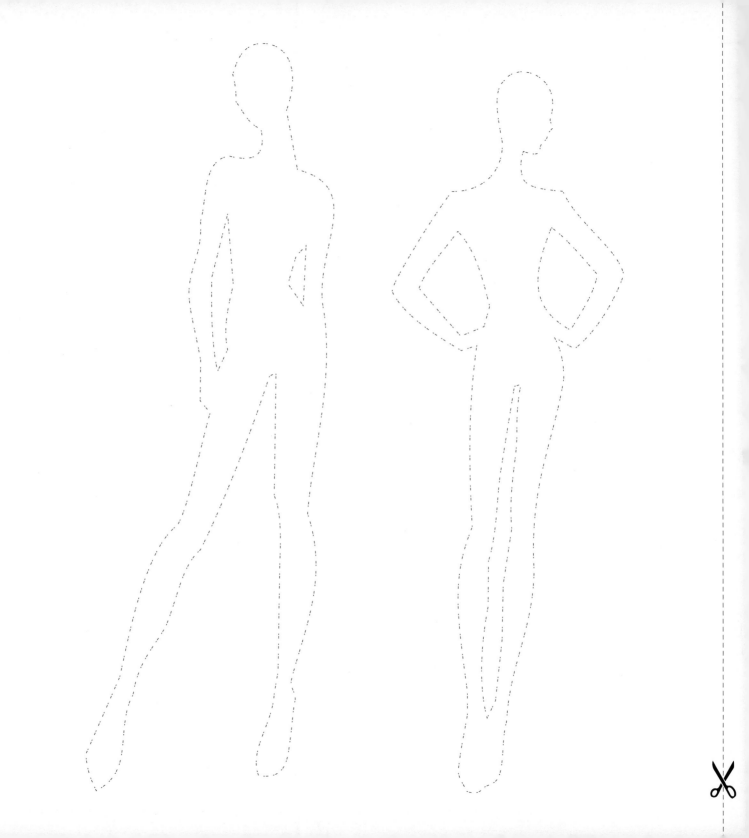